U0021205

看收納達人如何重新
整頓格局，發揮更大
的空間效益！

收納 這樣做
秒收不求人

拆解櫃子尺寸細節，找出黃金收納點，好收好拿才厲害

漂亮家居編輯部 著

contents

目　錄

圖片提供 ©FUGE 馥閣設計

玄關

一進門就是客廳，沒有可發揮規劃為玄關的空間。這時候該怎麼辦？理想的玄關大小應該至少有一坪以上，寬敞的空間感不僅能避免開門後無法站立的窘況，也可配置適宜的機能。一般來說玄關或通道至少要有 90 公分寬；若寬度較不足，應該盡量避免設計高度過高或及天花板的櫃子。

Part.1

就是沒有玄關，鞋子要收去哪邊？

+ 格局設計關鍵

調整開門方向，順應合理動線

將原來的老舊大樓空間重新安排，並在玄關規
劃高櫃增添原來缺少的收納機能，考量原始開
門方向，一進門即面對頂天高櫃太有壓迫感，
且形成陰暗死角，行走動線也不合理，因此更
改大門開門方向，調整為順暢的動線，更可在
一進門立刻感受開放式設計的開闊空間感。

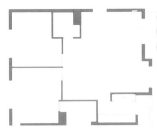

圖片提供 ©Z 軸空間設計
Before

圖片提供 ©Z 軸空間設計
After

更改大門方向，化解入口頂
天高櫃造成的壓迫，與侷促
的空間感。

+ 尺寸設計關鍵

上下鏤空設計，化解沉重壓迫感

玄關頂天高櫃主要為鞋櫃收納，但需兼具公共空間的收納需求，因此規劃高約 2 米 4，寬度約 1 米 8 的高櫃將收容量最大化，另外，並在靠近電視牆處轉角，系統櫃結合木作嵌入開放櫃，藉此變化櫃體表情並輔助欠缺收納機能的電視牆；高櫃雖能滿足收納需求，卻容易產生壓迫感，選擇白色烤漆，櫃體刻意不做滿，而是上面鏤空 30 公分，下面鏤空 20 公分，以營造量體輕盈效果。

圖片提供 ©Z 軸空間設計

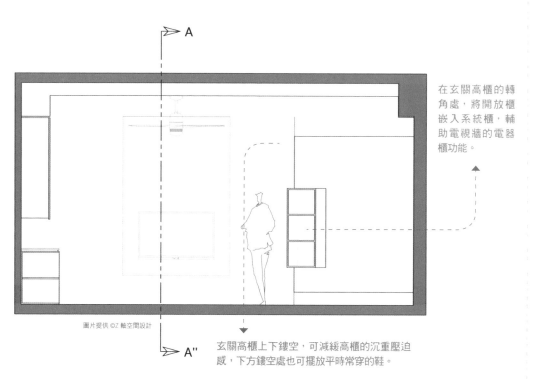

A

A"

圖片提供 ©Z 軸空間設計

在玄關高櫃的轉角處，將開放櫃嵌入系統櫃，輔助電視牆的電器櫃功能。

玄關高櫃上下鏤空，可減緩高櫃的沉重壓迫感，下方鏤空處也可擺放平時常穿的鞋。

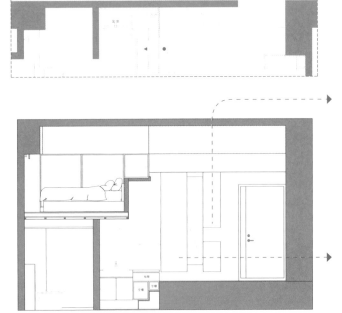

接近大門處的櫃體做中段留白設計，變化出可用來擺設裝飾品的檯面，置放常用鑰匙也很方便。

三座櫃體不等寬、不等高，可避免樣式呆板，以及過於沉重的量體感。

圖片提供 © 耀昀設計

+ 尺寸設計關鍵

深 30 公分櫃體輕鬆收納鞋物

由於入門區的空間不大，選擇以吊櫃取代落地櫃來減輕視覺重量感外，並考量實際鞋物大小，將櫃體設計以最為經濟的 30 公分深，既好收、又不至於對空間造成太大壓力。此外，三座吊櫃不等高、不等寬的安排則在視覺上更具有造型美與變化性。

格局設計

尺寸設計

圖片提供 © 耀昀設計

✛ 格局設計關鍵

組合吊櫃解決無玄關收納難題

由於是複合式夾層屋，單層面積小而侷限，因此，大門周邊完全沒有可規劃玄關的空間，而為解決出入收納的問題，設計師在進門右手邊設置吊櫃，不僅能擺放鑰匙和鞋子，高低大小的造型也讓視覺上增加聚焦端景，使得玄關隱然成型。

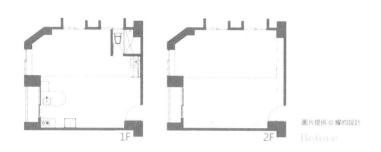

1F　　　2F

圖片提供 ◎ 耀昀設計

Before

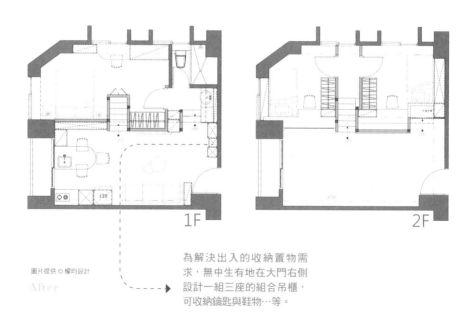

1F　　　2F

圖片提供 ◎ 耀昀設計

After

為解決出入的收納置物需求，無中生有地在大門右側設計一組三座的組合吊櫃，可收納鑰匙與鞋物…等。

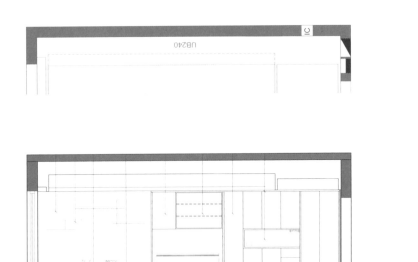

圖片提供 © 雲司國際設計

依據收納物件安排不同深淺
尺寸的櫃體形式,避免空間
顯得狹隘。

白橡木收納櫃體即使龐
大也不顯擁擠,並運用
鏡面擴大視覺效果。

＋ 尺寸設計關鍵

深淺交錯滿足收納擴大視覺

為了避免整面收納牆讓空間顯得狹隘,設計師
採用一深一淺的設計手法:玄關收納櫃約 40
公分深、電視牆淺;餐桌深、沙發長而淺,並
內化沙發背後的弧形牆面,充分利用格局將收
納與設計融為一體。中間鋼琴區的規劃,則成
為玄關、客廳的區隔,亦兼具端景的效果。

圖片提供 ©Z 雲司國際

+ 格局設計關鍵

隱藏與展示同步營造層次

新婚夫婦開啟新生活的 10 坪小宅，雖然格局方正，卻有著空間分配零碎的問題，再加上坪數有限，收納也是需要整合的第一要項。玄關利用廊道式設計納入充足收納櫃體，並以鏡面創造豐富的光影效果，更雙倍拓增視覺感受。而櫃體延伸至客廳轉以展示為主，並巧妙在電視主牆與玄關之間嵌入開放琴房，展示個人品味。

圖片提供 © 雲司國際設計

Before

圖片提供 © 雲司國際設計

After

因為僅是 10 坪大小的房子，將收納整合於同一牆面，並運用隱藏與展示手法令空間富有層次。

鞋櫃設計

大容量鞋櫃，球鞋再多也不怕

玖柘空間設計

多用途

Case 01
一次解決球鞋與公仔收納

屋主需求 ▶ 屋主有收集球鞋習慣，因此收納櫃不只要滿足公共空間的所有收納，也需解決球鞋收納問題。

格局分析 ▶ 沒有明確界定出玄關，且坪數較小，安排過多收納櫃，易讓空間變得狹小、擁擠。

櫃體規劃 ▶ 入口處側牆打造長約 2 米 1 的大型收納櫃，滿足公共空間所有收納需求，也隱約界定出玄關與客廳，位於玄關旁的畸零地，另外做出一道牆面，製造收納櫃嵌入牆面效果，增加收納機能，更有拉齊線條的俐落感。

好收技巧 ▶ 屋主有收集球鞋及公仔，因此櫃體層板皆為活動式，以便配合收納物品高度，隨時做調整。

Case 02
長、短靴、平底鞋通通都能收

屋主需求 ▶ 成員是一對母女，倆人加起來的鞋子近 200 雙。

格局分析 ▶ 一進門就是客廳，沒有可發揮規劃為玄關的空間。

櫃體規劃 ▶ 整個電視櫃打開後隱藏了有如更衣室的鞋間，包含電視背後共四個立面可收納鞋子。

好收技巧 ▶ 以活動層板做為鞋櫃的分隔，可根據鞋子種類改變需要的收納高度。

圖片提供 © 力口建築

電視牆背後的層板間距較大，可收長靴，高度可微調

層板高度約 15 公分，適合收納平底鞋。

上下皆有透氣孔，有助減少異味。

45 度斜切門片，無把手也很好打開。

圖片提供 © 蒔研設計

Case 03
鞋櫃也是小型儲物區

屋主需求 ▷ 希望鞋櫃能有其它功能，並讓空間看起來能乾淨俐落。

格局分析 ▷ 一進門就是客廳，收納櫃體應倚牆而設，避免空間過於壓迫擁擠。

櫃體規劃 ▷ 以多功能吊櫃方式整合鞋櫃、電視櫃、書櫃等多元機能，懸空式設計在於透氣、輕巧等功能。

好收技巧 ▷ 右側較高的層板可收納其它雜物、安全帽，或者是冬天長靴。

多用途

Case 04
隔間退縮打造複合櫃體

屋主需求 ▷ 希望有足夠的收納機能，同時還要擺放風水飾品。

格局分析 ▷ 推開門就是客廳，且入口到沙發背牆的距離略短，沒有足以緩衝的空間規劃玄關。

櫃體規劃 ▷ 將沙發背牆些微向後退縮，為客廳爭取出施作櫃體的深度，創造出電視櫃、鞋櫃的整合收納概念。

好收技巧 ▷ 櫃體側邊選擇開放層架，便於收納生活小物件，也能遮擋凌亂感，此處深度約 30 公分左右，適合收納拖鞋，主要鞋櫃則集中於右側三排內，深度約莫 40 公分。

右側三排也是鞋櫃。

圖片提供 © 日作空間設計

不同地板材質導引動線。

二合一

Case 05
鞋櫃整合展示櫃

屋主需求 ▸ 需有放置鞋子的地方，同時喜愛閱讀以及運用傢飾品佈置空間，。

格局分析 ▸ 原有格局進門就是餐廳，沒有一個完整的玄關空間。

櫃體規劃 ▸ 以簡約線板拱門構成的隔屏不僅是書架、展示櫃，兩側下方更兼具鞋櫃收納機能，上方展示架的屏風可 360 度調整，避免入門直視廳區，又能維持空間的通透感。

好收技巧 ▸ 鞋櫃門片上預留一字型把手，兼具通風的效果。

圖片提供 © 爾聲空間設計

- - - ▸ 把手同時也有透氣孔的作用。

圖片提供 © 奇逸設計

↓

櫃體上下皆有透氣孔。

超有型

Case 06
特殊把手打造有型櫃牆

屋主需求 ▸ 希望隔出玄關區，又要有大型收納，滿足收納需求。

格局分析 ▸ 缺少明確玄關區，但若以實牆或大型櫃體界定，空間會產生壓迫感。

櫃體規劃 ▸ 櫃牆沿天花樑柱規劃，為化解均等分配的制式，把手以不規則的 L 型、倒 L 型，形成自然律動感，最後再以淡雅灰色替表面做處理，讓櫃牆成功融入空間氛圍。

好收技巧 ▸ 櫃體刻意不至頂到天花，下方也懸空 20 公分，並在上下方開透氣孔，避免鞋櫃密閉產生異味。

雙用途

Case 07
L 型高櫃是隔間也是收納

屋主需求 ▶ 廚房與玄關可以略做區隔，但又不想因此造成壓迫感。

格局分析 ▶ 開門即可看見廚房，讓使用者感覺缺少隱私感。

櫃體規劃 ▶ 為了界定玄關，也增加廚房隱密性，以一座頂天鞋櫃取代隔牆做出區隔功能，高櫃中間做出開口避免櫃體迎面而來產生壓迫感。

好收技巧 ▶ 因開口設計而產生的小平台，可擺放小東西、植栽或展示品。

圖片提供 © 奇逸設計

開口設計避免壓迫感。

鞋櫃寬度以 25、25、50 公分的比例排列，鞋子不會有落單收納的問題。

圖片提供 © 實適空間設計

超能收

Case 08
分割、懸空鞋櫃帶來輕盈視感

屋主需求 ▶ 女主人有眾多鞋子需要收納。

格局分析 ▶ 入門就是客餐廳空間，沒有明確的玄關領域。

櫃體規劃 ▶ 利用入口右側的牆面規劃三座鞋櫃，採用系統櫃設計，特意的比例分割呼應戶外的山巒景致。

好收技巧 ▶ 以活動層板做為鞋櫃的分隔，可根據鞋子種類改變需要的收納高度。

超寬敞　Case 09
旋轉鞋櫃擴大空間尺度

屋主需求 ▸ 具備收納機能的同時，又能留出寬敞空間。

格局分析 ▸ 入門玄關左右即為客廳與餐廚區，運用鞋櫃區隔空間，不致一眼就看到餐廚爐灶。

櫃體規劃 ▸ 設置中軸讓櫃體旋轉，寬 2 公尺的櫃體轉向後正好能與中島平行，客餐廳即能連成一氣，擴展空間深度。

好收技巧 ▸ 櫃體中央鏤空，不做滿的設計，方便置放隨身的物品。內部則是除了收納鞋子之外，也設計傘架和抽屜，助於分門別類。

圖片提供 © 演拓空間室內設計

櫃體鏤空可放置
隨身物品。

圖片提供 © 演拓空間室內設計

Part.2

玄關不大，
鞋櫃要怎麼做才能收得多？

櫃體轉向創造流暢動線

此為樓中樓住宅，原本進門後在左右以木作隔出玄關，此一做法雖保留正向光源卻阻斷左側光源，讓位於玄關右側的餐廚區顯得陰暗且又過於狹小，因此拆除木作，打造一座雙面櫃並將位置轉為橫向安排，以解決空間區隔與採光問題，餐廚區擁有來自兩面光源變得明亮，而橫向雙面櫃雖擋住玄關正向光源，但左側充足光線，化解玄關陰暗的疑慮。

圖片提供 © 明樓室內設計

Before

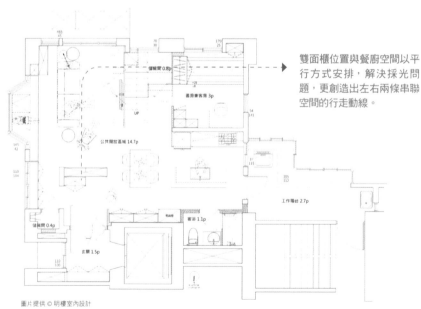

雙面櫃位置與餐廚空間以平行方式安排，解決採光問題，更創造出左右兩條串聯空間的行走動線。

圖片提供 © 明樓室內設計

After

✚ 尺寸設計關鍵

複合櫃牆設計，滿足多重需求

兼具隔間功能的雙面櫃，量體過大容易讓人一進門就有壓迫感，因此以高220公分、寬180公分做規劃，在面向玄關的櫃面，切分成上下櫃並結合穿鞋椅，化解整面密閉式設計的沉重感；下櫃與吊櫃留出50公分，讓鞋櫃檯面可放置鑰匙等零碎物品，穿鞋椅與吊櫃間的間距約105公分，則是基於坐下穿鞋起身的舒適度。

圖片提供 ◎ 明樓室內設計

櫃體不做至頂天，反而在高櫃與天花板之間安排照明，除了照明作用，也有輕盈高櫃的視覺效果。

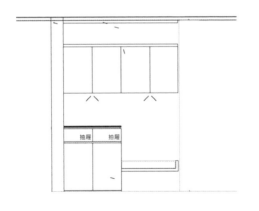
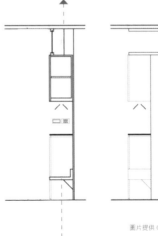

圖片提供 © 明樓室內設計

穿鞋椅懸空31公分，不只有輕盈櫃體效果，平時也可擺放常穿的鞋子。

鞋櫃設計

矮櫃可收也能坐

多用途

Case 01
結合雙重功能的靈活收納

屋主需求 ▸ 玄關處需有收納空間,也希望可以有方便坐下換鞋的功能。

格局分析 ▸ 沒有明顯玄關空間,需做出明確內外空間界定。

櫃體規劃 ▸ 以一座大型鞋櫃與靠牆坐榻圈圍出玄關區,大型鞋櫃採懸浮式,降低迎面而來的沉重感,坐榻下方空間,安排可靈活移動的矮櫃,提高使用方便性,同時也有坐椅功能。

好收技巧 ▸ 矮櫃安裝輪子讓櫃體可自由移動,並採用方便收納的上掀式門片,讓整理收納更為省時且不費力。

圖片提供 © 明樓室內設計

超隱形

Case 02
鞋櫃、傘櫃隱藏在牆裡

屋主需求 ▸ 希望有充足的鞋櫃和雨傘收納空間，不要散落在角落。

格局分析 ▸ 玄關位置較窄，較不適宜獨立擺放傘架。

櫃體規劃 ▸ 玄關緊鄰電視牆，將櫃體嵌入至電視牆中，並利用抽拉設計隱藏起來，不破壞整體美感。

好收技巧 ▸ 櫃體內分別依雨傘、鞋子規劃了不同樣式層櫃，使用上很清楚方便，拿時輕拉開櫃體便可取出。

運用軌道五金，櫃體輕鬆可拉出。

細長層格設計，雨傘剛好能卡住。

圖片提供◎摩登雅舍室內設計

鞋櫃背面是電視牆。

圖片提供◎摩登雅舍室內設計

超激量

Case 03
雙面櫃設計，收納量破表

屋主需求 ▸ 需要放置一家四口的鞋子，必須有充足的收納空間。

格局分析 ▸ 透過入門高櫃將原有的玄關縮短，玄關與客廳則再以雙面櫃相隔，圍塑適宜的入門廊道。

櫃體規劃 ▸ 運用百葉門片設計落地高櫃，也成為入門的美麗端景。右側為鞋櫃，同時也是電視牆，雙面利用的設計，讓收納量倍增。

好收技巧 ▸ 鞋櫃鄰近大門處的位置刻意設計櫃格，用於放置鑰匙，貼心的設計讓進出更方便。

超時尚 | **Case 04**
時尚材質淡化收納感

屋主需求 ▸ 希望空間以喜歡的時尚、深色做為空間主要風格。

格局分析 ▸ 玄關空間不大,過多櫃體規劃易形成壓迫感。

櫃體規劃 ▸ 櫃體雖呼應空間風格以深色為主,但採用採懸空設計,並使用具反射效果的亮面材質,藉此淡化櫃體沉重感,同時也呼應空間風格,讓人一進到玄關,便有深刻的時尚印象。

好收技巧 ▸ 櫃體貼覆鏡面,不只營造時尚現代感,同時也可當成出門前的穿衣鏡使用。

鏡面兼具穿衣鏡功能。

圖片提供 © 界陽&大司室內設計

圖片提供 © 特歷空間設計

客廳展示櫃側邊也能收納鞋子。

超隱形 | **Case 05**
廚房轉向創造鞋櫃機能

屋主需求 ▸ 希望空間可以明亮寬敞,還要豐富的收納機能。

格局分析 ▸ 15 坪的小房子格局不甚方正,進門左側就是一道高櫃阻擋,空間零碎且陰暗。

櫃體規劃 ▸ 將廚房轉向之後,入口左側規劃出鞋櫃與冰箱的收納機能,同時前方的多功能櫃體側面也給予儲藏鞋物的輔助。

好收技巧 ▸ 鞋櫃區分為上下櫃體,下方可收使用頻率較高的鞋子,深度皆達 35 ～ 40 公分。

鞋櫃深度增加至 90
公分提升容量。

超激量

Case 06
鞋櫃深度調整為 90 公分提升容納量

屋主需求 ▷ 期盼有玄關櫃和鞋櫃，讓不同物品有各自的
收納空間。

格局分析 ▷ 玄關旁有一些畸零柱體，藉此配置了具雙重
功能的鞋櫃與玄關櫃。

櫃體規劃 ▷ 鞋櫃以抽拉形式為主，輕輕一拉就能展開拿
取鞋子，深度更調整至 90 公分，以提升收納容量。

好收技巧 ▷ 櫃體結合滑軌五金配件，只要輕輕一拉，便
可將達 90 公分深的鞋櫃展開；內部層板是配置為活動
形式，讓其中的高度可依據鞋子種類來做調整。

超激量

Case 07
延伸櫃體增加收納量

屋主需求 ▷ 配合屋主的職業，希望整體空間能以
休閒風格為主。

格局分析 ▷ 雖然客廳空間非常大，但進門的玄關
處較為窄小。

櫃體規劃 ▷ 運用文化石、鐵件與白色木皮，打造
細緻又有層次感的收納體。鞋櫃轉折以一致色彩
規劃電視牆，延伸收納容量。

好收技巧 ▷ 除了掀開式門片外，運用推拉門也節
省了不少手動力氣，且不佔空間讓公領域更大更
舒服。

推拉門不佔空間

超能收	**Case 08** 運用特殊五金，長者也能輕 巧收納

屋主需求 ▶ 考量到有坐輪椅的長者，所有收納都必須讓長者方便取得。

格局分析 ▶ 櫃體與玄關動線串連，進入家中就能沿動線順勢收納。櫃體前方過道留出 120 公分以上的迴旋空間，即便坐輪椅也能方便進出。

櫃體規劃 ▶ 空間深度足夠的情況下，上方設置吊衣桿，方便暫放大衣或外出包，下方則運用抽屜分門別類。

好收技巧 ▶ 上方選用具有把手的吊衣桿，讓長者坐著也能拿取，最下方的抽屜則使用特殊五金，無需彎腰，腳一踢就能開啟，相當便利。

圖片提供 © 演拓空間室內設計 攝影 © 劉士誠

圖片提供 © 璞沛雅金室內設計

↓

穿鞋椅 35 公分，避免壓縮空間尺度。

收更多	**Case 09** 重重機關，收納量激增

屋主需求 ▶ 希望能在玄關處設計外出包、傘架的收納區。

格局分析 ▶ 穿鞋椅和鞋櫃沿著玄關廊道配置。

櫃體規劃 ▶ 以對稱概念將鞋櫃分別配置在穿鞋椅的兩側，門片則運用百葉加強櫃內的通風。

好收技巧 ▶ 穿鞋椅後方巧用機關，運用拉抽五金可拉開後方櫃體，就成為外出包、小型行李箱的收納空間。櫃內深度約有 70 公分，為了不佔據過多的廊道空間，穿鞋椅深度僅約 35 公分。

好拿取

Case 10
入門就收完的貼心設計

屋主需求 ▶ 為虔誠的基督徒，長期在國外奔波，僅需要基礎的收納空間。

格局分析 ▶ 不動格局，正對大門設置鞋櫃。

櫃體規劃 ▶ 四扇門片運用十字架的符號組合，再輔以光源，營造宛如光之教堂的景象；同時也是實用的凹把手設計。

好收技巧 ▶ 除了鞋子的收納外，也設計吊衣桿和行李箱的收納區域，讓長期在外奔波的屋主，無須搬運就能在大門入口卸下所有行囊。

鞋櫃也能收行李箱。

圖片提供©摩登雅舍室內設計

圖片提供©摩登雅舍室內設計

超舒適

Case 11
櫃體懸空，下方也能做收納

屋主需求 ▶ 鞋子數量較多，需要充足的收納量。

格局分析 ▶ 不動原有格局，櫃體沿牆配置。

櫃體規劃 ▶ 鞋櫃置頂，並搭配 45 公分深的穿鞋椅，滿足坐著穿鞋的需求。穿鞋椅下方則規劃抽屜，有效擴增收納空間。

好收技巧 ▶ 穿鞋椅刻意懸空，拉高約 25 公分，以利收納屋主的高筒靴。穿鞋椅的座面則離地約 55 公分，符合人體工學。

椅子離地 55 公分符合人體工學。

column

鞋櫃尺寸細節全在這

|提示 1|

超過 70 公分深度可以做滑櫃

正常鞋櫃深度約為 32 ～ 35 公分，空間上若能拉出 70 公分深度，就可以考慮採用雙層滑櫃的方式，兼顧分類與好拿。層板可採活動式，方便屋主視情況隨意調整。

|提示 2|

鞋櫃深度以 35 ～ 40 公分為主

鞋子依人體工學設計，尺寸不會超過 30 公分，除了超大與小孩鞋以外，因此鞋櫃深度一般為 35 ～ 40 公分，讓大鞋子也能放得剛好。如果要考慮將鞋盒放到鞋櫃中，則需要 38 ～ 40 公分的深度，如果還要在擺放高爾夫球球具、吸塵器等物品，深度則必須在 40 公分以上才足夠使用。

|提示 3|

深度 15 公分收納雨傘剛剛好

雨傘不論摺疊傘、立傘，收起來體積都不大，因此可以將櫃體整合牆面設計，規劃一個深度約 15 ～ 16 公分（含門片距離）的雨傘櫃，既不影響空間，大小不一的雨傘也能被收得漂漂亮亮。

|提示 4|

層板高度設定約在 15 公分左右

鞋櫃高度通常設定在 15 公分左右，但為了因應男女鞋有高低的落差，建議在設計時，兩旁螺帽間的距離可以密一點，讓層板可依照鞋子高度調整間距，擺放時可將男女鞋分層放置。

|提示 5|

鞋櫃懸空高度離地 25 公分為佳

鞋櫃下方的懸空設計，可置放進屋時脫下的鞋子，先讓鞋子透透氣，等味道散去再放進鞋櫃，下雨天的濕鞋子也可暫放在此，平時則可擺放拖鞋，方便回家後穿脫，而鞋櫃懸空的高度建議離地 25 公分為佳。

圖片提供 ©FUGE 馥閣設計

客廳

客廳規劃通常分成幾種形式，坪數較小的空間一般會讓電視牆與書房、餐廳隔間做結合，或者是透過旋轉電視牆的設計，釋放空間感。不論哪種規劃，客廳最重要的就是視聽設備的收納，線材的隱藏、設備的散熱、櫃體深度至少 60 公分，才能收得整齊又美觀。

Part.1

跨領域電視牆除了做整面櫃子
還可以有哪些變化？

✛ 格局設計關鍵

主牆三部曲，電視櫃、展示區與全能收納

客廳雖有大面落地採光窗，但其實公共區僅有客廳單向受光，為了讓餐廳與玄關也能享有自然光因而採取開放格局，並且藉由客廳木質電視櫃串連白色書櫃、以及玄關櫃的設計來延伸、放大格局；其中白色牆櫃中穿插木質屏風則可阻擋住穿堂煞問題。

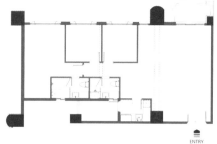

圖片提供 ◎ 耀昀設計
Before

圖片提供 ◎ 耀昀設計
After

在連貫的白色櫃體中嵌入一扇木質屏風，既可阻擋住穿堂煞，也讓出入格局更有內外層次感。

ENTRY

＋ 尺寸設計關鍵

中空展示台創造輕盈與變化性

首先，在大幅寬的主牆上端以飾板遮掩樑線，並於牆櫃下方做懸空設計，以降低大量櫃體的壓迫感；此外，在視覺焦點區設計高約 40 公分的中空展示櫃，與周邊白色門櫃形成虛實交替的對比畫面，不僅變化出不同收納機能，也更能顯現輕盈、趣味的端景意象。

以木皮中空展示櫃在白色牆櫃中做跳色變化，呈現虛實交替的畫面。

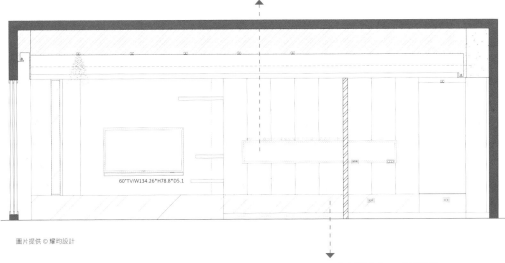

60"TV/W134.26*H78.8*D5.1

圖片提供 © 耀昀設計

櫃體下方以懸空設計，可放置裝飾品、或規劃插座、擺放室內常用拖鞋…等，相當方便。

櫃體深度均為 35 公分，且符
合人體工學設計，使用上不會
造成困擾。

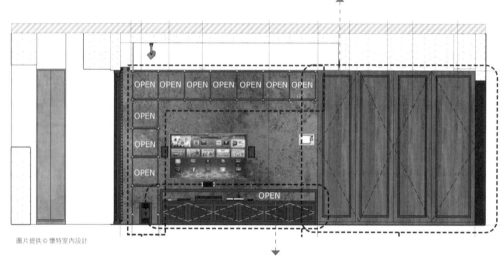

電視機櫃門片上嵌入 1 公釐沖孔網，
除了可以讓櫃體看起來更為整齊，也
有助於內部的散熱。

✚ 尺寸設計關鍵

同一深度內構築出迥異櫃體

玄關鞋櫃與客廳電視櫃整合為一，為不佔去空間
過多坪數，整體櫃體深度設計在 35 公分，鞋櫃
部分為封閉形式，電視櫃則以黑鐵為結構，創造
出展示型收納，透過不同使用式變出有趣的櫃體
設計。

✛ 格局設計關鍵

虛實交錯收納櫃釋放空間感

僅有 17 坪的小住宅，公共廳區呈長形結構，為了避免過多櫃體壓縮空間的寬敞度，設計師利用橫跨客、餐廳的完整牆面，將廳區基本的收納整合在一起，沿著牆面規劃虛實交錯形式的收納櫃，滿足收納又讓空間有開闊的效果。

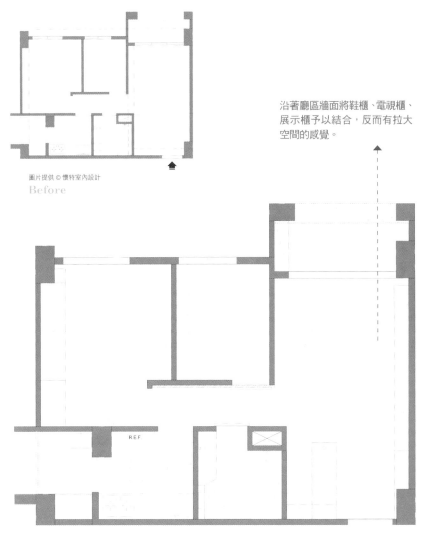

沿著廳區牆面將鞋櫃、電視櫃、展示櫃予以結合，反而有拉大空間的感覺。

圖片提供 © 懷特室內設計

Before

REF

圖片提供 © 懷特室內設計

After

黑白鐵件盒子僅側邊、上方開洞
讓貓咪玩耍，日後也可變成書櫃。

照片提供◎寬象空間設計

電視牆設計

多機能

Case 01
是展示、書牆，也是貓咪玩耍的樂園

屋主需求 ▶ 孩子的童書很多，加上收藏了許多 DVD、CD，這次換屋想要有地方可以收納。

格局分析 ▶ 客廳面寬很長，且橫跨玄關、餐廳，如何利用這面牆整合收納是一大課題。

櫃體規劃 ▶ 透過各種形式的櫃體設計，入口處為洞洞板搭配抽屜、玻璃展示櫃，往內則是書櫃與抽屜設備櫃，電視牆特意內導設計，增加層次與視覺深邃效果。

好收技巧 ▶ 洞洞板作為鑰匙懸掛，搭配層板即化身相框擺設區，電視櫃下方抽屜為 CD、DVD 收納，設備部分以木頭嵌入玻璃材質，更方便遙控操作。

超隱形

Case 02
橫向線條消弭屋高壓迫感

櫃體不做滿降低壓迫感。◀ - - - -

屋主需求 ▶ 最擔心屋高低、採光與收納問題，希望天花低矮的舊屋能變身陽光美宅。

格局分析 ▶ 屋內因高度只 2.4 米，視覺上易有壓迫感；另外電視主牆旁有柱體產生突兀感。

櫃體規劃 ▶ 以雙色系統櫃夾著玻璃的結合木作打造橫向發展的電視牆，將水平軸線延伸拉長，讓視線與空間都變寬廣了。

好收技巧 ▶ 橫拉櫃體上下以留白不做滿的設計，弱化櫃體與屋高壓迫感，隨柱體突出的櫥櫃則賦予平面更多變化，並虛化柱體。

好俐落

Case 03
角落結構化身設備櫃更俐落

設備線材隱藏在牆面內。◀ - - - -

屋主需求 ▶ 喜愛峇里島也收藏許多當地的傢飾品，希望可融入居家空間。

格局分析 ▶ 屬於長形結構，擁有連續的開窗條件。

櫃體規劃 ▶ 為呈現公共廳區乾淨純粹的樣貌，將客廳必須的設備櫃體集中配置於左側角落，右側以鐵件預埋牆面勾勒出俐落的展示層架。

好收技巧 ▶ 角落櫃體部分以黑玻璃門片收納視聽設備，便於遙控與降低灰塵，上端開放型態亦兼具展示功能。

深色木皮淡化櫃體存在感。

超隱形　　**Case 04**
木質拼貼淡化機能感

屋主需求 ▶ 考量屋主女性婉約特質，
透過曲線及理性配色設計，架構出優
雅靜好的空間。

格局分析 ▶ 大門與客廳落地窗之間無
屏障的格局，讓室內顯得較狹長、且
沒有層次感。

櫃體規劃 ▶ 先在大門區以吊櫃與面盆
設計屏風櫃，增加遮掩、置物、清潔
等功能，並將 1/4 圓的曲線語彙延
伸至電視牆及櫃體，成為設計特色。

好收技巧 ▶ 木質感拼貼的電視牆櫃表
面材質，為整體空間醞釀出人文感與
內斂氣質，淡化櫥櫃機能感。

交錯分割設計更
有變化。

圖片提供 © 演拓空間室內設計

多機能

Case 05
電視主牆橫向延展，展現大器質感

屋主需求 ▶ 收藏品較多，需要有空間展示和收納。

格局分析 ▶ 由於將鞋櫃設置在外部空間，釋出多餘空間留給公共領域，右側則透過餐水櫃圍塑客廳範圍，有效區隔客餐廳。

櫃體規劃 ▶ 大理石背牆刻意不做置頂，上方運用櫃體材質延伸至玄關，展示櫃與電視背牆連成一氣，擴展空間視覺。

好收技巧 ▶ 展示櫃交錯分割櫃板，可隨意放置展示品，讓空間更有律動感。而右側餐櫃則以白色拉門巧妙隱藏，避免凌亂視覺，鄰近客廳的位置，也更好拿取。

好開闊

Case 06
穿視電視櫃創造生活趣味

屋主需求 ▶ 希望保有居家的開闊性，同時又能讓生活的層次與各空間的定位更明確。

格局分析 ▶ 因大門正對客廳落地窗形成穿堂煞，讓空間顯得不安感，同時也少了格局層次感。

櫃體規劃 ▶ 在入口處先以鐵件、大理石的白黑配色規劃懸吊式隔屏，與電視櫃黑底木質設計形成呼應，滿足品味設計也化解風水。

好收技巧 ▶ 為解決電視牆過短，採用跳空一座櫃體的留白設計，讓電視牆能延伸，客、餐廳視野可穿透，光線交流更無隔閡。

留白櫃體可透光。

Case 07
側邊收納櫃增加客廳深度

好清爽

圖片提供 © 青埕設計

屋主需求 ▶ 屋況老舊，衍生陰暗、通風不良等問題，希望重新規劃並挹注北歐風格。

格局分析 ▶ 客廳的寬度不深，電視牆面融入黑色線性，採以不規格分割造型圖紋，形成趣味框景。

櫃體規劃 ▶ 電視牆一旁連結不落地淺色櫃體，讓立面顯得輕盈不壓迫。

好收技巧 ▶ 淺色懸吊式的櫃體不僅顯得輕盈，下方也可設計為掃地機器人的放置處。

↓

帶狀嵌燈虛化壓迫感。

圖片提供 © 法藝設計

↓

開放層架收影音設備。

Case 08
鞋櫃和電視櫃一起漂浮吧

最好找

屋主需求 ▶ 有孩子的夫妻有著極大的收納需求，希望讓東西不僅收得乾淨，也能輕易拿取。

格局分析 ▶ 開門進來旁側即為餐廳吧檯，再往前走為客廳，藉著具端景的鞋櫃界定玄關位置。

櫃體規劃 ▶ 鞋櫃設計與電視櫃一氣呵成，刻意採取漂浮式設計和不同系統櫃面板材質，創造視覺變化，更為空間注入清新質感。

好收技巧 ▶ 鞋櫃和電視櫃之間設計開放式直條式櫃體，可蒐藏 CD 和展示小物，電視左側的開放式層板更是電話、MOD 等影音設備的好去處。

機櫃門片加窗紗
修飾不顯亂。

好分類

Case 09
分區收納滿足機櫃與書櫃的需求

屋主需求 ▶ 除了電視機櫃，還想要擁有大面書櫃，以擺放藏書。

格局分析 ▶ 為讓藏書能成為展品之一，將書櫃與機櫃整併配置於客廳區。

櫃體規劃 ▶ 電視牆橫樑下配置深度約 60 公分的機櫃，不只兩側連同下方也可收納；另一旁則為深度約 40 公分的書櫃，分區、分層次滿足各式收納需求。

好收技巧 ▶ 電視機櫃除了設有門片外，還加了繃紗，既不外露顯亂又不防礙搖控問題。

多層次

Case 10
同一面牆卻有三種不同櫃體樣貌

屋主需求 ▶ 不喜歡過於繁複的電視牆，但又期望有好收納。

格局分析 ▶ 廳區牆面橫跨不同空間，如果運用單一形式會顯得太單調。

櫃體規劃 ▶ 客廳區域以特殊塗料展開乾淨的電視牆面，為了平衡玄關櫃體，在電視牆左方用鐵件從天花延伸出設計展示櫃，讓同一面牆卻有三種不同的面貌。

好收技巧 ▶ 電視牆左側的白色鐵件展示櫃，主要能讓屋主放置平日常看的書籍和雜誌。

鐵件可避免寵物破壞。

Part.2

喜歡開放式的空間，
電視牆兼做隔間好用嗎？

＋ 格局設計關鍵

玻璃格柵釋放開闊感

鄰近客廳的書房，若以實牆隔牆，勢必會壓縮客廳的空間感，而且失去部分光源。因此，整面書牆安排在實牆面，其餘則以玻璃圈圍出書房區域，在位於客廳的電視牆面，另外以木作搭配玻璃，製造出高高低低的曲線，增加視覺變化也確保電視吊掛位置，與此同時又不失玻璃隔牆的清透感。

圖片提供 ◎ 明樓室內設計
Before

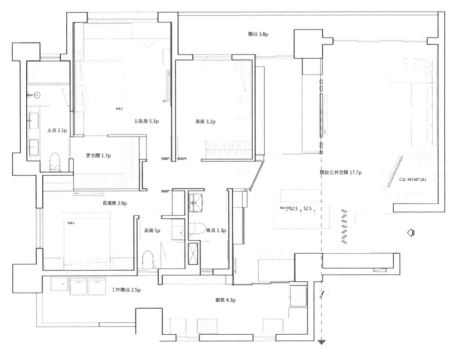

圖片提供 ◎ 明樓室內設計
After

收納牆規劃在距客廳較遠的牆面，並在櫃面做出巧思設計，藉此淡化書牆制式感，也營造空間視覺變化與趣味。

＋ 尺寸設計關鍵

高低曲線完美收納設備與書桌

運用玻璃、鐵件、實木皮等異材質結合而成的電視牆，透過精準的線條比例拿捏，
120、140 公分高的格柵與牆面表述抽象的音樂律動，同時也成為後方書房的遮蔽，
甚至玻璃也運用切割條紋設計，達到挑高修長的視覺暗示。

圖片提供 © 明樓室內設計

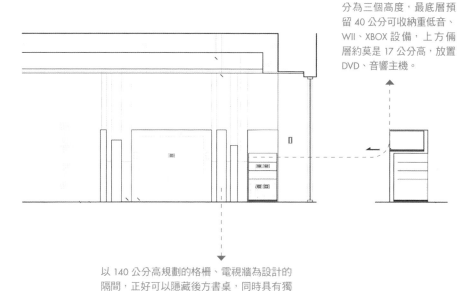

高 95 公分的設備機櫃區
分為三個高度，最底層預
留 40 公分可收納重低音、
WII、XBOX 設備，上方倆
層約莫是 17 公分高，放置
DVD、音響主機。

以 140 公分高規劃的格柵、電視牆為設計的
隔間，正好可以隱藏後方書桌，同時具有獨
立的私密性。

圖片提供 © 明樓室內設計

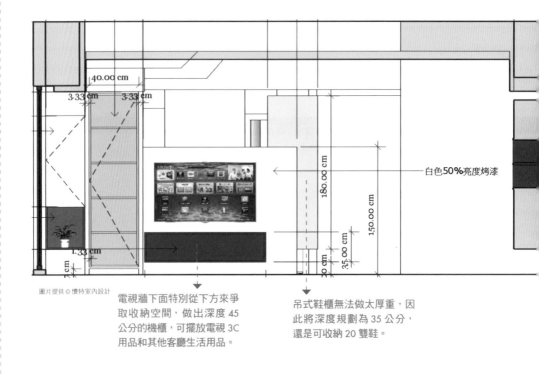

40.00 cm

3.33 cm   3.33 cm

180.00 cm

150.00 cm

1.33 cm

35.00 cm

cm

白色50%亮度烤漆

圖片提供 © 懷特室內設計

電視牆下面特別從下方來爭
取收納空間，做出深度 45
公分的機櫃，可擺放電視 3C
用品和其他客廳生活用品。

吊式鞋櫃無法做太厚重，因
此將深度規劃為 35 公分，
還是可收納 20 雙鞋。

✛ 尺寸設計關鍵

分櫃設計擁不同深度與尺度

電視櫃採分櫃設計出不同形式，所對應的深度也
有所不同。像是鞋櫃深度為 35 公分，約可收納
20 雙鞋；電視下方機櫃深度為 45 公分，試圖從
下方爭取深度空間來擺放電器用品；至於旁邊展
示櫃因後方還連結廚房電器櫃，深度僅約 20 公
分，依舊能擺放不少蒐藏物品。

✚ 格局設計關鍵

整合手法讓生活物品通通都能收

客廳電視櫃藉由整合手法，又再創造出不同面向、不同機能的櫃體。灰色木皮是鞋櫃，電視牆下方則是機櫃，至於白色櫃體則是展示櫃，甚至背面另一側還結合了廚房電器櫃，兼具隔間功能，也讓生活物品通通都被有效收納。

櫃體不只有單一面向，善用雙面手法以及結合方式，一櫃可以創造雙重機能，也能做出分櫃設計讓收納更細膩。

圖片提供 © 懷特室內設計

Before

圖片提供 © 懷特室內設計

After

電視牆設計

圖片提供 © 日作空間設計

Case 01
一櫃兩用爭取空間感

檯面預留開孔設計,可在
此直接連結電腦。

屋主需求 ▶ 朋友偶爾會到家中聚會,希望廳區能寬
闊明亮舒適。

格局分析 ▶ 擁有錯層結構的公寓住宅,原有陽台已
外推,一進門即可見廳區全貌。

櫃體規劃 ▶ 利用電視牆劃設出玄關範疇,並將櫃體
規劃在玄關區域,釋放出寬敞且光線可恣意穿透的
空間。

好收技巧 ▶ 設備收納巧妙藏至鞋櫃內,讓電視牆可
維持簡潔俐落的姿態。

圖片提供 © 日作空間設計

設備收納在黑玻璃內。

圖片提供 © 森境 & 王俊宏室內裝修

超寬敞

Case 02
客餐廳雙贏的旋轉電視牆

特殊五金達到旋轉功能。

圖片提供 © 森境 & 王俊宏室內裝修

屋主需求 ▶ 屋主個性好客，常邀親友來訪，因此，希望大開放與大落地窗的空間來呈現明亮感。

格局分析 ▶ 將原 4 房格局改成 2 臥、1 休閒室的設計，並讓客廳與餐廳採分區但不分割的格局。

櫃體規劃 ▶ 採用半高的電視牆來界定客、餐廳，既保持視線通透感，更棒的是客餐廳窗戶得以串聯，保留更大視野與採光，而視聽設備則隱藏於右側黑玻璃櫃內。

好收技巧 ▶ 半高電視牆利用特殊五金設計，滿足客廳與餐廳雙面收視的需求，節省了二區裝設電視的預算與空間。

電視牆背面變書櫃。

 好實用

Case 03
一道牆成就風格、收納與動線

屋主需求 ▸ 希望生活空間更通透、動線更自由,但又不能沒有電視牆與隔間的層次感。

格局分析 ▸ 與書房僅有一牆之隔的客廳,格局方正且臨採光不差,唯有窗邊樑柱量體較大。

櫃體規劃 ▸ 電視牆以石材做全牆鋪飾,並在靠近窗邊切割出一道門來創造與書房的環狀動線,也讓視野更通透。

好收技巧 ▸ 作為隔間用的電視牆,在書房面又可擺放飾品及書籍。

多機能

Case 04
以收納盒開始的收納思考

屋主需求 ▶ 希望家中呈現 MUJI 日式風格，而家中兩大一小，更是有許多雜物需要收納。

格局分析 ▶ 30 坪的隔間僅有客廳單面採光顯得相當昏暗，打破格局，以雙面電視櫃做為隔間，也兼具收納功能。

櫃體規劃 ▶ 屋主喜愛運用收納盒收納，因此反而是以收納盒為主體打造電視雙面櫃，更符合本身需求。

好收技巧 ▶ 先有收納盒再開孔製作收納櫃，從屋主本身需求開始的收納思考，比作好櫃體再放進物品更實用。

圖片提供 © 澄橙設計

電視牆側面也能收。 ◀- - - - -

圖片提供 © 寬月居屋空間設計

斜邊造型藏了容納 80 包抽取式面紙的秘密收納。

多用途

Case 05
視聽櫃兼具隱形隔間

屋主需求 ▶ DVD、PS3 等視聽設備需收納。

格局分析 ▶ 住家僅有 21 坪，客廳空間不大。

櫃體規劃 ▶ 設置獨立的視聽電器櫃，上方分為四格可供存放既有櫃體、以及預留一格做未來增購設備使用。

好收技巧 ▶ 獨立的電器收納櫃可供屋主站立使用，維修孔則設在背面書房處。

斜牆設計可淡化大樑。

Case 06
斜牆虛化樑體打破方正迷思

屋主需求 ▸ 喜歡北歐簡約風，同時又希望空間能看起來大一點，收納多一點。

格局分析 ▸ 由於屋內大樑最低處僅 2.2 米，讓公共區顯得壓迫感，加上客廳電視牆面寬也有過短問題。

櫃體規劃 ▸ 客廳與多功能休閒區中間的大樑下方規劃以隔間儲藏櫃，利用斜面電視牆的變化爭取更寬鬆的面寬。

好收技巧 ▸ 隔間櫃側邊包含開放式設計，成為端景效果。

好實用

Case 07
電視牆區隔儲藏室更藏神明桌

屋主需求 ▸ 除了需具備一般電視牆功能，還需有擺放神明的位置。

格局分析 ▸ 開放式規劃，沒有明確空間界定。

櫃體規劃 ▸ 牆面採用較深的木色，讓電視牆成為空間重點，也有與餐廳做出界定功能，不對稱的牆面安排，形成視覺上的趣味與美感，也巧妙解決神明、電視與影音設備的擺放問題。

好收技巧 ▸ 將鐵件嵌入牆面凹槽，不只便於清理，也能避免祭拜時，容易被煙薰黑的問題。

神明桌以鐵件構成，
避免煙薰黑

雙功能

Case 08
虛化收納櫃體，創造開闊感受

屋主需求 ▶ 希望空間感覺寬闊，不要有太多實牆隔間。

格局分析 ▶ 相鄰的兩個空間，若以實牆隔間容易壓縮空間感。

櫃體規劃 ▶ 靠牆收納櫃牆採用黑色，低調融入牆面，虛化收納生活感，懸空影音電器櫃則以輕薄細長設計，呼應空間比例，也製造櫃體輕盈效果。

好收技巧 ▶ 影音電器櫃門片使用黑玻，由於紅外線可穿透玻璃，即使不打開門片，也不影響搖控器使用。

黑玻可直接遙控更方便。

圖片提供 ◎ 界陽&大司室內設計

雙功能

Case 09
向後跟衣櫥要電視設備櫃

圖片提供 ◎ 法藝設計

借衣櫃深度做設備收納。

屋主需求 ▶ 舊有的電視櫃厚重，造成客廳沉重的壓迫感；私領域僅以拉簾作為分隔，沒有清楚界線。

格局分析 ▶ 以薄型電視牆取代舊有電視櫃，左側改為折疊門，讓主臥的衛浴不再正對廚房，右側改為拉門，書房也有了私密性。

櫃體規劃 ▶ 電視牆高達 3 米 7，下方的電視設備櫃是挪用自書房裡的衣櫃下緣，僅需 60 公分深度就夠用。

好收技巧 ▶ 電視設備櫃以黑色玻璃覆蓋，既美觀又方便電器遙控操作，亦另設大理石檯面，可放遙控器等小物。

Part.3

就是不想要制式的電視牆，
可以怎麼做？

+ 格局設計關鍵

結合電視牆功能的樓梯設計

為了不阻擋室內的絕佳採光，最後選擇將電視牆規劃在梯牆面，藉此減少過多櫃體，造成空間變小、行走動線不順暢，客廳的主要收納，則依賴夾層下方的開放式書櫃，由於屋主希望在空間裡加入色彩元素，因此每個層板也塗上不同的顏色，替空間注入活潑朝氣。

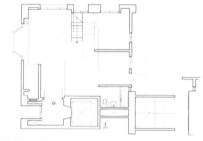

圖片提供 © 明樓室內設計
Before

圖片提供 © 明樓室內設計
After

梯牆面作為電視主牆面，串聯公共區域在看電視的同時也能注意到全家人的一舉一動。

＋ 尺寸設計關鍵

運用梯下空間做收納

以梯牆面做為電視牆，必備的設備櫃則利用樓梯的空間，內凹打造出高約 100 公分，寬約 52 公分，深約 60 公分的設備櫃，內凹設計讓電視牆表面維持平整線條，視覺上也保留了電視牆的俐落感。

＋ 格局設計

＋ 尺寸設計

圖片提供 © 明樓室內設計

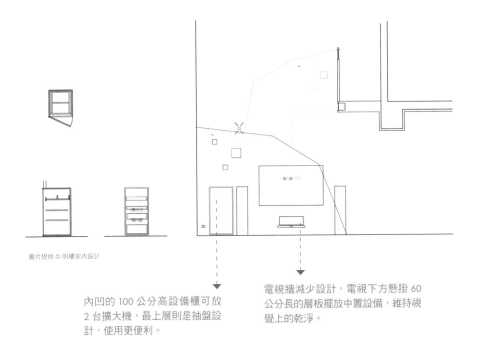

圖片提供 © 明樓室內設計

內凹的 100 公分高設備櫃可放 2 台擴大機，最上層則是抽盤設計，使用更便利。

電視牆減少設計，電視下方懸掛 60 公分長的層板擺放中置設備，維持視覺上的乾淨。

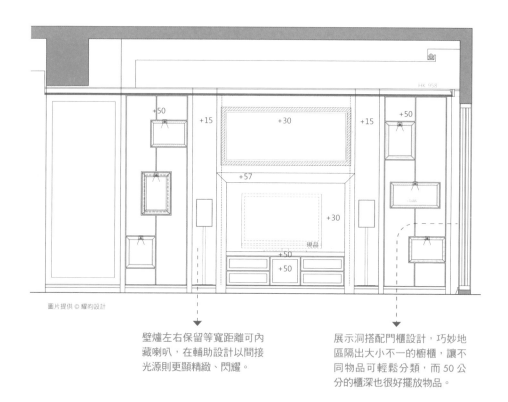

圖片提供 © 耀昀設計

壁爐左右保留等寬距離可內
藏喇叭，在輔助設計以間接
光源則更顯精緻、閃耀。

展示洞搭配門櫃設計，巧妙地
區隔出大小不一的櫥櫃，讓不
同物品可輕鬆分類，而 50 公
分的櫃深也很好擺放物品。

深 57 公分壁爐訂出電視牆櫃厚度

由於屋主偏好美式風格，同時又希望能將原有的
家具融入新家，為此設計師選擇以卡拉拉白大理
石做出壁爐造型來映襯既有電視，同時將屋主收
藏的威尼斯鏡掛放在壁爐上，提升優雅內涵；而
左右對稱的收納櫃櫃深 50 公分，較壁爐略淺，
可讓主體更凸顯。

＋ 格局設計

＋ 尺寸設計

圖片提供 © 耀昀設計

✚ 格局設計關鍵

優雅滿點的美式風格主牆

考量客、餐廳格局不大，選擇以開放設計之外，並將客、餐雙區的主牆合併設計。首先，以壁爐為設計主體點出屋主喜愛的美式風格，並在兩側配置對稱門櫃與燈光展示洞，使風格與收納機能同時獲得滿足，並將左側突兀的柱體也包覆在美式壁板的裝飾語彙中。

電視牆周邊原有突兀的結構柱體與大樑，這些問題格局均巧妙地融入壁爐主牆與向外延展的設計語彙內。

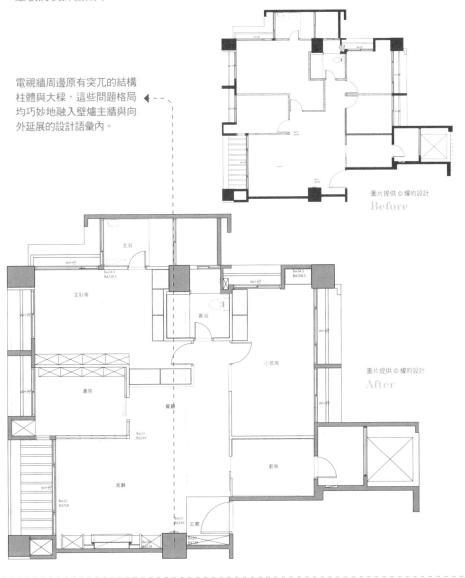

圖片提供 © 耀的設計

Before

圖片提供 © 耀的設計

After

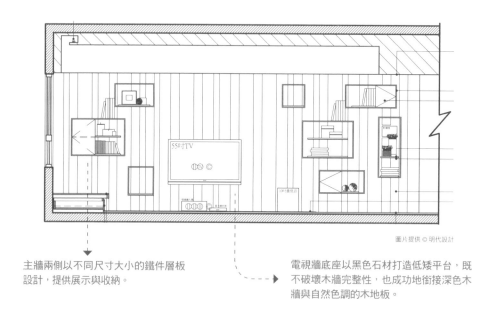

圖片提供 © 明代設計

主牆兩側以不同尺寸大小的鐵件層板
設計，提供展示與收納。

電視牆底座以黑色石材打造低矮平台，既
不破壞木牆完整性，也成功地銜接深色木
牆與自然色調的木地板。

＋ 尺寸設計關鍵

開放鐵件層板打造
藝術氣息

從玄關轉折進入客廳的煙燻橡木皮主牆，
有別於一般大理石或亮面材質的耀眼，反
像深淵般吸收生活中的負能量，為空間氤
氳出內斂而靜謐的質感，再搭配巧思設計
的開放式鐵件層板，賦予裝飾及簡單置物
的機能，錯落有致的牆面架構則凸顯出居
家溫暖又獨特的美好氣質。

圖片提供 © 明代設計

＋ 格局設計關鍵

捨讓一房，
狹長客廳變療癒天堂

屋主希望家能展現紓壓的療癒能量，因此，設計師將原本狹長客廳且過度隔間的格局重新規劃，捨棄客廳後方一間房，改作為開放餐廳，同時將客廳窗邊的臥榻延伸至餐桌旁，醞釀慵懶休閒氣息，同時讓二區的採光面可串聯，形成充滿正能量的陽光美宅。

圖片提供 © 明代設計
Before

捨棄一房間後，讓客廳的格局完全鬆綁，再搭配超長臥榻與木質電視牆，營造出療癒身心的居家風景。

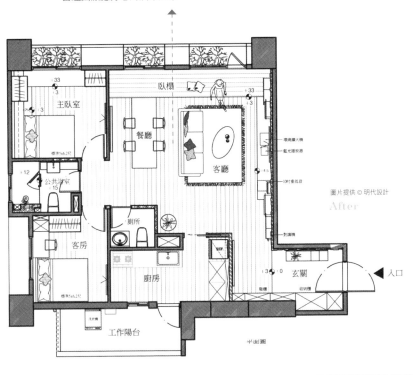

圖片提供 © 明代設計
After

電視牆設計

圖片提供 © 明樓室內設計

矮櫃也是座椅功能。

省空間

Case 01
高低交錯營造律動感

屋主需求 ▸ 希望維持採光,但又需有櫃體滿足收納需求。

格局分析 ▸ 若想保留絕佳採光條件,不宜安排過多櫃體,但仍需顧及空間的基本收納需求。

櫃體規劃 ▸ 做為電視牆的牆面為落地窗,設計師以矮櫃做規劃,避免因櫃體遮擋失去原有採光,矮櫃刻意高低起伏錯落安排,以呼應窗外山嵐線條,而結合開放、封閉兩種收納方式,則能顧及電器影音收納,也方便屋主可收納零碎的小東西。

好收技巧 ▸ 矮櫃平台不只可擺放展示物品,結構經過加強,同時也兼具坐椅功能,讓屋主可以坐在這裡,欣賞窗外的美麗景色。

好開闊

Case 02
虛擬主牆與電視柱
更顯輕盈

屋主需求 ▶ 成功人士的雅痞華宅除講究舒適、更要高品味，所有設計都以量身訂製為原則。

格局分析 ▶ 在開放的客廳與中島餐廚，盡量降低牆面以免視覺有侷限感，力求空間自由與流暢度。

櫃體規劃 ▶ 電視機後端以拓採岩包覆牆面，與廚房同材質電器櫃牆串聯，延展出主牆意象，但實質上卻無傳統電視牆的壓迫感。

好收技巧 ▶ 電視以精緻五金立柱搭配橢圓底座做支架，讓電視元素可以更輕盈、立體地存在起居空間中。

五金立柱藏好管線。

圖片提供 © 森境 & 王俊宏室內設計

層板可調高度更好收。

圖片提供 © 澄穆設計

超好收

Case 03
開放式電視櫃活潑展示個性

屋主需求 ▶ 希望家中能有地方能展示收藏。

格局分析 ▶ 客廳的深度較窄，如果放置大型電視櫃，空間將顯得狹隘。

櫃體規劃 ▶ 開放式木作層板櫃可以依照需求調整高度，並搭配屋主本身的收納盒顯得相當活潑。

好收技巧 ▶ 想要將擺飾品收整好又美觀，應該適當作留白，除了能展現設計也不會對視覺產生壓迫。

石材檯面簡約收納視聽設備。

Case 04
木、灰、白色塊玩出立體牆

屋主需求 ▶ 喜歡開闊視野與寬鬆格局，且希望提升收納機能。

格局分析 ▶ 打開原封閉廚房，讓廚房與客、餐廳呈開放設計，同時書房的牆面也拆除，呈現無拘格局。

櫃體規劃 ▶ 7 米主牆跨越了客廳、餐廳及開放廚房，並藉由顏色搭配與材質設計轉換區域背景，其中臥室門也被隱藏於灰色牆面中。

好收技巧 ▶ 以減法設計在電視牆面作線條式層板，省去過多裝飾，視聽裝備則放在低檔度石材地板上。

Case 05
黑玻大推門主控電視管理權

屋主需求 ▶ 不想孩子天天吵著看電視，希望能將電視加以隱藏。

格局分析 ▶ 大面寬的客廳主牆，以及落地窗採光，讓室內即使有大櫃體也不覺得壓迫。

櫃體規劃 ▶ 將寬達 5 米的客廳面寬做足櫥櫃，並以等高、不等寬的層板與櫃寬來配置隔板，滿足大量及多元化收納需求。

好收技巧 ▶ 為避免年幼孩子長時間看電視，在牆櫃中加裝一扇可向左移動的 2.7 米寬的黑玻烤漆推門，可將電視藏在裡面。

圖片提供 © 耀昀設計

烤漆玻璃門片可隱藏電視與凌亂。

好俐落

Case 06
旋轉電視化解收視距離過短

屋主需求 ▶ 喜歡現代設計的新婚夫妻，在新居中選擇簡約、不失穩重的 LOFT 風來凸顯個性感。

格局分析 ▶ 考量長型格局後半的餐廳無對外窗，故將客餐區採開放設計，使單向採光也能分享給餐廳。

櫃體規劃 ▶ 因應客、餐雙區不同的收納需求，各自規劃有層板與櫥櫃，且刻意分配於左右側，藉開放層板櫃為空間帶來加寬效果。

好收技巧 ▶ 位於客、餐廳中央的電視立柱，搭配可旋轉設計讓電視可供雙邊使用，順勢化解客廳電視收視距離過短的問題。

層板、櫥櫃各自滿足客餐廳需求。

圖片提供 © 森境 & 王俊宏室內設計

架高抽屜深度約 55 公分，太深反而不好拿取。

圖片提供 © 百作空間設計

多機能

Case 07
隱藏式電視櫃兼具書牆與展示

屋主需求 ▶ 喜歡不受拘束的起居空間，可席地而坐地看書或聊天。

格局分析 ▶ 客廳利用架高設計鋪設榻榻米，型塑出宛如草原般的意象，接續著遠方的山景，帶來自然且可或坐、或躺的自在生活。

櫃體規劃 ▶ 隨著家具的弱化，整合書籍、電視的櫃體利用活動門片適度隱藏，生活不再被 3C 制約。

好收技巧 ▶ 電視櫃體搭配抽屜收納，放置較為凌亂的小物件，而架高地板外側開口則可擺放網路設備，讓訊號不受阻擋。

Case 08
雙功能旋轉電視架，滿足多重需求

屋主需求 ▸ 希望保留空間開闊感。

格局分析 ▸ 以過多實牆做隔間，會讓空間產生狹隘感。

櫃體規劃 ▸ 書房以玻璃拉摺門為隔間、木地板劃分場域，電視牆並以可旋轉 360 度的電視架取代，不管在餐廳、客廳或書房都能使用，也藉此保留客廳至書房的開闊通透。

好收技巧 ▸ 懸掛電視的另一面是白板，只要轉個方向，可書寫的白板讓媽媽變成了老師，書房變成孩子們的教室。

背面可當白板

主機、DVD 直接放在平台上。

圖片提供 © 明樓室內設計

圖片提供 © 明樓室內設計

側面可收 CD

方框可收雜誌 ◀-----

好彈性

Case 09
超靈活 180 度旋轉電視櫃

屋主需求 ▶ 孩子在早餐時需要放英文學習影片，餐廳和客廳都要能收看電視。

格局分析 ▶ 不規則的格局裡，將客廳與餐廳一同安置在心臟地帶，以電視牆作為分水嶺。

櫃體規劃 ▶ 電牆櫃劃分成電視盒和電器櫃，中間以特殊的旋轉五金銜接，電視盒可 180 度旋轉，依需求轉向客廳或餐廳。

好收技巧 ▶ 電視盒在後方規劃四格方框，高 35 公分、深度 15 公分可成為展示區和雜誌架，左右側更妥善運用作為 CD 櫃。

Case 10
運用鐵件與燈光隱藏電視櫃

灰玻璃拉門巧妙
遮蔽電視。

屋主需求 ▶ 期望有大尺寸電視，但又希望把電視隱藏起來，只在需要的時候看到即可。

格局分析 ▶ 在大坪數的空間中，設計師以灰玻、鐵件、光帶等手法，結合出右方拉門以進入另一個辦公閱讀場域和左方的電視收納櫃體。

櫃體規劃 ▶ 在左方電視牆上，以低矮的黑色櫃體做為機組收納，必以玻璃拉門做為平日遮蔽電視的方式。

好收技巧 ▶ 需要的時候只要輕輕一推開，近百尺寸電視呈現眼前，不需要的時候關上，即變成一個單純極致的休憩空間。

圖片提供 ◎ 相即設計

抽屜層板搭配收
得更整齊。

空間設計 ◎ 演拓空間室內設計 攝影 ◎ 葉勇宏

超能收 **Case 11**
收納機能滿載

屋主需求 ▶ 空間坪數較小的情況下，希望能有充足收納。

格局分析 ▶ 入門即見客廳，運用深度較淺的區域作為電視櫃體。

櫃體規劃 ▶ 餐水櫃、視聽櫃、儲物櫃整合在一起，櫃門運用同一材質連貫視覺，拉門和隱藏把手的設計，立面更為乾淨俐落。

好收技巧 ▶ 運用拉門隱藏餐水櫃，巧妙遮掩凌亂視覺，設計間接燈光，夜晚使用更方便。電視兩側做滿收納，抽屜和層板交錯使用，收納更井井有條。

超好收

Case 12
設備櫃藏在樓梯內

屋主需求 ▶ 房子坪數太小，很擔心做了電視櫃會讓空間更擁擠。

格局分析 ▶ 挑高 3 米 6 的 7 坪住宅，必須利用複合機能作法，解決坪數的限制。

櫃體規劃 ▶ 將影音設備櫃整合在樓梯結構內。

好收技巧 ▶ 樓梯第二個踏階為開放層架，擺放 DVD 播放器，線路預留在踏階至不鏽鋼軸心，解決線材的凌亂。

影音線路藏在鏡面鋼管內。

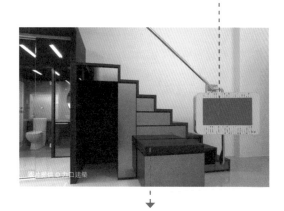

梳妝椅子也藏在樓梯下。

藏最好

Case13
不規則的藝術線條美化櫃牆

屋主需求 ▶ 放大空間的開闊感。

格局分析 ▶ 仍有收納需求，若安排過多櫃體，容易壓縮空間開闊感。

櫃體規劃 ▶ 造成小空間壓迫感的櫃牆靠牆安排，刻意以不規則切面，美化牆面淡化收納感，全白的櫃牆並點綴性以黑玻做跳色做出視覺變化。

好收技巧 ▶ 影音設備藏在黑玻璃內，也易於遙控。

不規格切面櫃體做出變化。

圖片提供 ◎ 界陽＆大司室內設計

Case 14
穿透書架亦是具不同風采的電視櫃

屋主需求 ▶ 想擁有屬於客廳的電視牆,但又不希望讓室內環境變得太壓迫。

格局分析 ▶ 電視牆旁緊鄰的是餐廳,兩者皆為半開放式,鏤空書架兼具電視牆功能,穿透特色既不破壞內部採光,也大幅降低了侷促感。

櫃體規劃 ▶ 櫃體深度約 30 〜 35 公分,機能配置以電視為中心,下方是收放電視設備的機櫃。

好收技巧 ▶ 書架採可雙面使用,可針對客餐廳做不同面向來做擺放;層架尺寸上也做出不同的形式,可依蒐藏品的大小、讀物的開本尺寸做選放。

圖片提供 © 浩室空間設計

書架可雙面使用。

圖片提供 © 浩室空間設計

Case 15
集中收納機能，不佔空間

屋主需求 ▶ 在小坪數空間中，希望能同時具有客廳、書房和祈禱室的多重機能。

格局分析 ▶ 空間僅有 15 坪大，將客廳置於空間中心，刻意斜放與餐廚區劃分界線。

櫃體規劃 ▶ 書櫃和電視櫃選用相同的白和設計語彙，兩者連成一氣，形成完整的連續立面。轉折處也不放過，做滿收納機能。

好收技巧 ▶ 量身訂製的書櫃善用五金，可隨時收起的掀板可當作書桌使用，不佔空間，讓客廳也能擁有書房的機能。

斜牆設計劃分空間。

圖片提供 © 摩登雅舍室內設計

Case 16
如畫框般的藝術主牆

屋主需求 ▶ 空間坪數較小，希望客廳也能兼具收納的機能。

格局分析 ▶ 受到大樑、結構柱體的影響，電視牆的長度較短，與沙發背牆比例過於懸殊，讓客廳看起來較為擁擠、侷促。

櫃體規劃 ▶ 運用樑與結構柱的深度，以木作包覆出完整大器的主牆設計，中間留出放置電視、音響的空間，左右兩側則是實用的櫃格，尺度特別拉大，放置書本、傢飾品都沒問題。

好收技巧 ▶ 最側邊無法收納的留白櫃格，其實正是柱體的位置，中間刻意拉大分割比例，創造出如畫框般的效果，日後可直接擺放畫作、海報裝飾。

利用修飾結構的深度，創造出豐富的櫃格收納。

圖片提供 © 賽適空間設計

column

視聽櫃尺寸細節全在這

|提示 1|

視聽櫃每層高度約為 20 公分

視聽設備通常會堆疊擺放，因此視聽櫃中每層的高度約為 20 公分，深度則要記得預留接線空間，通常約 50 ～ 55 公分，但不得小於 45 公分，承重層板也需要能夠調整高度，以便配合不同高度尺寸的設備。方便移動機器位置的抽板設計，也是方式之一，但要記得若是特殊的音響設備，則需針對承重量再進行評估。

|提示 2|

視聽櫃寬度至少需 60 公分

雖然市面上各類影音器材的品牌、樣式相當多元化，但器材的面寬和高卻不會因此相差太多。視聽櫃中每層的高度約為 20 公分，寬度多會落在 60 公分；深度則會為了提供器材接頭、電線轉圜空間，也會達到 50 ～ 60 公分，再添入一些活動層板後，大多數市售的遊戲機、影音播放器等，就都可以收納了。

|提示 3|

15 ～ 18 公分規格化抽屜看起來更整齊

一般的抽屜櫃體容積較大，收納 CD、DVD 常常會有骨牌效應而東倒西歪，其實只要依照一般 15 ～ 18 公分規格化，將抽屜分格，就能排列整齊。

|提示 4|

CD、DVD 層板高度可預留 2 ～ 5 公分

CD、DVD 除了一般常見的層架，還可利用電視牆中間的厚度設計收納高身櫃，首先必須計算好 CD、DVD 的高度，再製作前有防止 CD、DVD 滑落的擋板層架，層板的高度記得要多預留 2 ～ 5 公分，才方便拿取，雖然一般的收納設計會希望具備活動性佳的特點，但這時則要做固定式的設計，才不會導致拉開櫃子時發生搖晃的情形。

|提示 5|

CD 櫃高至少需 18 公分、DVD 需 22 公分

CD 櫃的高度大多採 18 至 20 公分左右，DVD 則約 22 至 25 公分，設計收納櫃之前，最好能大概知道自己收藏量的多寡來做櫃體劃分，否則只會浪費或導致收納空間不足。

圖片提供 © 爾聲空間設計

餐廳 & 廚房

開放式廚房通常與餐廳相鄰，可利用隔間做雙面收納櫃設計，讓兩個區域都能使用。此外，想要將烤箱、咖啡機、微波爐等小家電隱藏起來，必須預先了解精準的尺寸，利用抽盤、門片方式達到隱藏與好使用兩種需求，特別像電鍋和飲水機等體積較大且有蒸氣問題的家電，建議做成抽拉盤，降低蒸氣對板材的影響。

Part.1

小房子有可能創造出電器櫃跟餐櫃嗎？

✛ 格局設計關鍵

隔牆增設電器櫃打造豐富收納機能

原有廚房空間略微窄小，較難以規劃電器櫃，然而屋主夫婦仍希望維持廚房的獨立格局，於是設計師利用餐廳、廚房的隔間創造出整合炊飯、儲物、電器抽盤等多元機能的電器櫃，搭配整體空間風格的主軸，選用白色為主，呈現舒適柔和之感。

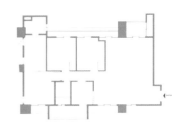

圖片提供 © 日作空間設計

Before

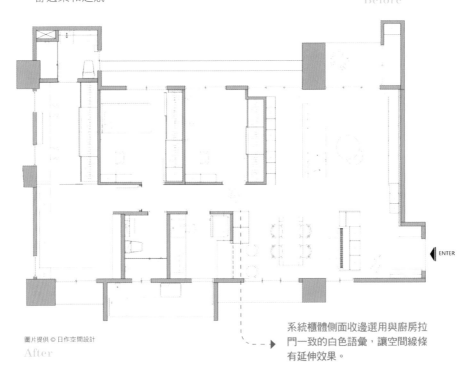

圖片提供 © 日作空間設計

After

ENTER

系統櫃體側面收邊選用與廚房拉門一致的白色語彙，讓空間線條有延伸效果。

✚ 尺寸設計關鍵

開放儲物、鏤空吧檯，延展空間感

餐廚電器櫃僅佔據隔間牆約 2/3 的尺度，電器櫃寬度約 120 公分，吊櫃以下包含炊飯器、內嵌式電器收納，抽盤部分可同時放置水波爐與小烤箱，讓烹飪更有效率。而左側則利用約 90 公分高的吧檯與餐廳作串連，提供多元的用餐需求，上方吊櫃甚至結合開放式儲物櫃，可收納屋主收藏的馬克杯或是傢飾品。

格局設計
尺寸設計
圖片提供 © 日作空間設計

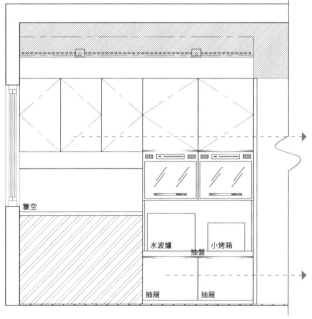

鏤空

水波爐　小烤箱
抽盤

抽屜　　抽屜

吧檯吊櫃局部採用開放式
儲物，化解櫃體的壓迫感，
也作為展示馬克杯收藏。

120 公分寬的電器櫃可同
時收納 4 種電器用品，上
端吊櫃、下方抽屜還有豐
富的儲物空間。

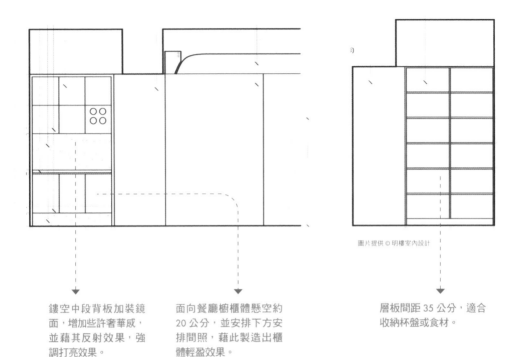

鏤空中段背板加裝鏡面，增添些許奢華感，並藉其反射效果，強調打亮效果。

面向餐廳櫥櫃櫃體懸空約20公分，並安排下方安排間照，藉此製造出櫃體輕盈效果。

層板間距 35 公分，適合收納杯盤或食材。

十 尺寸設計關鍵

頂天高櫃兼具隔牆功能

以一座高約二米三，寬約 133 公分的頂天高櫃，完成收納櫥櫃與隔牆需求，櫃體採雙面櫃設計，在面向廚房櫥櫃層板間距以 35 公分平均分配，並採用玻璃門片以便烹煮時方便食材與杯盤的取用、收納，面向餐廳的櫃面，則是規劃為上下櫃中段鏤空，鏤空約 55～60 公分，適合擺放一般常用家電。

格局設計

尺寸設計

✚ 格局設計關鍵

利用櫃體化解無用過道空間

廚房與餐廳之間有一個尷尬的過道空間，為拉齊空間線條，同時增加餐廚區收納，在過道空間安排一座兼具隔間功能的雙面高櫃，面向餐廳櫃體中段鏤空，方便擺放電器用品，並針對屋主有喝紅酒習慣，在上櫃規劃出紅酒櫃，方便屋主聚餐時取用紅酒，廚房面則簡單以方便收納的層板做安排。

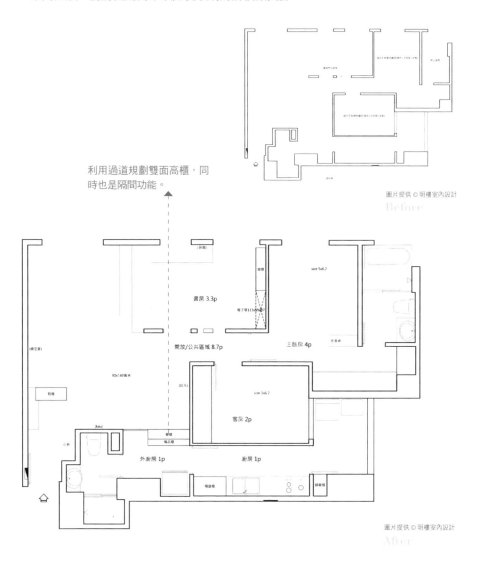

利用過道規劃雙面高櫃，同時也是隔間功能。

圖片提供 © 明樓室內設計

Before

圖片提供 © 明樓室內設計

After

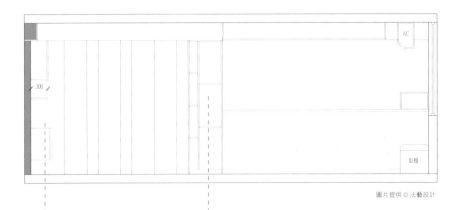

2 米 3 的餐櫃擁有四層不同的隔間規劃，下方抽屜櫃深 35 公分，上方吊櫃和開放層板僅 30 公分深，方便取用。

格子櫃有著兩種分割形式，分別用來收納書本和 CD，收納格內物件更從白色牆面跳出，成為公共空間的特色妝點。

✚ 尺寸設計關鍵

25 公分深櫥櫃創造多元收納功能

客廳和餐廳幾乎無縫接軌，僅用沙發牆旁約 60 公分寬的空間，設計深度約深度 25 公分的格子櫃，補強客廳的收納功能。餐櫃緊貼著衛浴外牆設計，共分四段式設計，最頂排的吊櫃開放部分隔間，下方分割為長條收納格，中段鏤空檯面搭配間接照明，促成浪漫的廚房端景，最下層的抽屜設計，可放入餐具和餐盤，呈現櫃體的多種風貌和多層使用功能。

✚ 格局設計關鍵

收納空間若隱若顯不同區域

35 年老屋破舊不堪，格局偏長條狀也不方正，空間規劃零散，廚房位在房子尾端中央，緊鄰兩間臥室，動線混亂，使用不便。屋主為即將退休的老夫妻，目前仍和兩個兒子同住，將廚衛空間挪至一側，對側配置三間房，把客廳和餐廳規劃一起，並在牆上發揮巧思，爭取更多顯性和隱性的收納空間。

將客廳和餐廳以開放形式整合，使公共領域更顯寬敞，次臥室的隔間牆以鞋櫃取代，創造玄關區的迷你收納空間。

圖片提供 ◎ 法藝設計

Before

圖片提供 ◎ 法藝設計

After

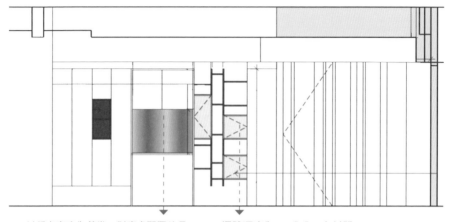

以餐桌高度為基準，對應處配置的是一個高 75 公分的收納櫃，以上則以展示型形式為主，可用來擺放一些餐桌飾品。

櫃體深度為 45 分分，在封閉中又加入鏤空的形式，讓收納變得有趣。

圖片提供 © 懷特室內設計

＋ 尺寸設計關鍵

活用高低差讓收納變得更有趣

餐廳收納櫃囊括其他收納與展示功能，因此在對應餐桌部分，特別配置了一個高 75 公分的收納，中間採取鏤空形式，至於其他周圍則有封閉與展示型收納，除了可以擺放餐具用品外，也能展示個人的蒐藏。

格局設計

尺寸設計

圖片提供 © 懷特室內設計

✚ 格局設計關鍵

餐櫃旁還藏了一側展示櫃

由於空間坪數才 20 坪左右，櫃體必須得整合，才能做有效運用。因此在餐廳區旁規劃了一個大面且深度為 45 公分的餐櫃，至於一旁則藏了一側展示櫃，透過白色系降低壓迫感，且鏤空展示櫃也突顯了輕盈感。

餐櫃沒有選擇做滿，而是巧妙地加入鏤空展示櫃，收納機能既不打折，還能降低視覺的壓迫性。

圖片提供 ◎ 懷特室內設計

Before

圖片提供 ◎ 懷特室內設計

After

高身櫃可收乾貨零食。

電器櫃、餐櫃設計

好實用

Case 01
電器櫃與高身櫃讓小廚房升級

屋主需求 ▶ 喜歡開放格局,又想有電器櫃等設備,擔心廚房坪數小且會太雜亂。

格局分析 ▶ 大門與廚房先以屏風櫃區隔,避開入門直接撞見廚房,而客、餐廳則因廚房打開而增加腹地。

櫃體規劃 ▶ 因空間小,廚房只能做一字型,從窗邊冰箱、爐台、到工作檯面與水槽,搭配下櫃與木飾板上櫃做收納,型塑簡約視覺。

好收技巧 ▶ 水槽右方規劃有電器櫃增加機能,至於廚房雜物收納,則在電器櫃旁設計高身櫃滿足屋主機能。

好便利

Case 02
巧妙延伸收納並串聯空間

圖片提供 © 明樓室內設計

屋主需求 ▶ 餐廚空間太小，需擴增餐廚區域的收納與用餐空間。

格局分析 ▶ 需與另一空間重疊使用，解決餐廚空間不足的問題。

櫃體規劃 ▶ 將電器櫃延伸至開放式書房，針對書房收納機能，利用牆面落差約 22 公分造成的畸零地，以層架打造一個大量收納的開放式書架。

好收技巧 ▶ 電器櫃中段不安裝門片，方便擺放經常性使用如：微波爐等電器用品。

借書房空間創造電器櫃。

省空間

Case 03
樓梯、電器櫃巧妙整合

圖片提供 ©

131 公分厚的樓梯，巧妙運用其踏階厚度收納電器。

屋主需求 ▶ 有下廚的習慣，還是需要有完整的電器收納。

格局分析 ▶ 挑高 3 米 6 的 9 坪小住家，2 房 2 廳的機能不可少，還要容納通往上層空間的樓梯。

櫃體規劃 ▶ 巧妙將樓梯藏在廚房當中，樓梯平時可收攏於右側壁櫃，釋放出約一個人能夠迴旋、彎腰的活動空間。

好收技巧 ▶ 樓梯厚 131 公分、高 156 公分、寬 75 公分，可完美收攏於壁櫃當中，壁櫃內可放置 4 台家電，以及數個大小不同的抽屜櫃收納瓶瓶罐罐。

Case 04
虛實設計玩出造型櫃體

屋主需求 ▶ 期盼擁有足夠的櫃體，滿足收納需求。

格局分析 ▶ 客餐廳採開放式設計。

櫃體規劃 ▶ 造型櫃體在客廳區既有機櫃與臥榻功能外，來到餐廳區域則又延伸出兼具餐櫃與書櫃的雙重作用。

好收技巧 ▶ 兼具多重功能的造型櫃，為了能承載不同的收納物品，將深度設定為 45 公分，無論擺放電視設備又或是一般的書籍、相框都沒問題。

圖片提供 © 睿豐空間規劃設計

開放與封閉形式，兼顧收納與美型。

門片式櫃體收得乾淨俐落。

圖片提供 © 相即設計

Case 05
結合同色系家電把櫥櫃隱形化

屋主需求 ▶ 變大公領域，整合廚房收納。

格局分析 ▶ 將原先的封閉式廚房調整成開放式廚房，以白色中島與漂浮餐桌，創造塊體切割，讓視覺自然不複雜。

櫃體規劃 ▶ 地面以黑色延伸至餐廳巨大的背櫃，黑色的餐廚櫃延伸至天花板，選用同色系的廚房家電，讓空間整合。

好收技巧 ▶ 以大面積黑色有門片櫃體，將廚房零碎的杯盤餐具等收得乾乾淨淨，讓收納真正藏起來。

超隱形

Case 06
吧檯內偷藏廚房電器櫃

屋主需求 ▸ 希望在靠近廚房的地帶，有一座吧檯可以喝下午茶咖啡或小酌怡情。

格局分析 ▸ 廚房空間有限，便將電器櫃與吧檯的功能結合，一側放椅子，一側作收納。

櫃體規劃 ▸ 維持吧檯 120 公分的高度，內部考量屋主使用的電器設備，深度約 50 ～ 55 公分，高度留 46 ～ 50 公分即夠用。

好收技巧 ▸ 電器櫃面向廚房，上層規劃開放式抽屜板方便拉取；下側則規劃封閉式抽屜和廚櫃，放置各類廚房用具。

圖片提供◎法藝設計

好整齊

Case 07
頂天電器櫃讓設備收得整齊又漂亮

抽板設計輕鬆使用電器。

圖片提供◎沃室空間設計

屋主需求 ▸ 開放吧台區希望有專區擺放相關電器用品，使用上更為方便。

格局分析 ▸ 吧台旁即是廚房，將電器櫃配置在吧台區，使用時不用特別繞進廚房，也能整合吧台區所需之收納，使用上便利亦達到有效運用空間。

櫃體規劃 ▸ 電器櫃體左邊尺寸較寬約 60 公分，依序收放了微波爐、烤箱等，右邊尺寸較窄、寬度約 30 公分，適合收放瘦長型的咖啡機、熱水器等。

好收技巧 ▸ 電器櫃中有加入抽板式五金，輕輕一拉便能把放置在裡面的電器送出來，使用上相當輕鬆。

玻璃展示架創造輕盈感。

Case 08
輕透材質淡化木作櫃體沉重感

屋主需求 ▶ 滿足餐廳收納碗、盤、刀叉需求。

格局分析 ▶ 雖是開放設計,但明確界定出餐廳空間,安排過多櫃體可能產生沉重、壓迫感。

櫃體規劃 ▶ 木作櫃三分之一,選擇與無框玻璃層架做結合,藉由材質的轉變,營造木作櫃的視覺變化與輕盈感。

好收技巧 ▶ 玻璃展示架除了營造輕盈感,也方便屋主隨時可擺放珍貴的展示品。

圖片提供 © 奇逸設計

鏤空處可收納展示品。

Case 09
視覺分割,讓巨大櫃體不再單調

屋主需求 ▶ 希望將公共空間主視覺落在餐廳區域,收納也能集中於同個點。

格局分析 ▶ 透過修飾讓整體公共空間看起來更寬敞。

櫃體規劃 ▶ 面寬4米2,以深度45公分做大面積櫃體,在90公分處作凹洞,並讓底牆為黑色,讓餐桌後方的景深往內拉,同時也多出一個工作檯面。

好收技巧 ▶ 凹洞處除了是工作檯面讓屋主能置放餐盤或處理簡單輕食外,下方也配置抽屜,右上方的白色凹洞則為音響置放區,或提供屋主放置蒐藏品用。

圖片提供 © 相即設計

多機能

Case 10
餐櫃整合料理檯

屋主需求 ▸ 平日是餐廳，在特定時間也能成為一個小小演奏廳。

格局分析 ▸ 長型的餐廳區域，為主要社交空間，以包廂為概念進行設計。

櫃體規劃 ▸ 櫃體以立體懸浮式的貼法，讓視覺變得有層次。而底牆一樣進行切割，提供屋主開放式與隱藏式的收納。

好收技巧 ▸ 有小餐櫃、紅酒櫃與簡易的料理檯面，有趣的是，門片往左推，一架鋼琴呈現眼前，從餐廳立刻變身成迷你演奏廳。

圖片提供 © 相即設計

整合餐櫃、紅酒櫃設計。

除了收納家電還能收外出服。

圖片提供 © 演拓空間室內設計

好整齊

Case 11
順應動線，收攏家事、儲物機能

屋主需求 ▸ 希望能有充足的餐廚收納。

格局分析 ▸ 廚房收納空間有限的情況下，順著家事動線將櫃體順勢設於廚房入口處，方便進出使用電器。

櫃體規劃 ▸ 沿著餐廚通道設置櫃體，將餐水櫃和廚具小家電的收納空間整合在一起。透過三扇拉門巧妙遮掩，形成完整立面。

好收技巧 ▸ 靠近右側廚房通道設定為家電收納區，減少家事動線的行走距離。而為了讓家電有散熱的空間，深度最好設計為 45 公分左右。同時並設計收納外出服和公事包的空間，儲物機能更為強大。

Case 12
善用牆面，收納機能大大提升

屋主需求 ▶ 常做料理的關係，有許多乾糧雜貨需要儲備。

格局分析 ▶ 玄關和餐廳之間做出一道假牆，圍塑完整玄關和餐廳空間。

櫃體規劃 ▶ 玄關和餐廳隔間不只是單純假牆，整體的 L 型牆面皆納入收納設計。櫃體融入對稱的古典語彙，風格與機能兼具。

好收技巧 ▶ 兩側線板作為櫃體的隱藏門片，內部櫃體做到置頂，擴增收納，便於儲備大量廚房和食品雜貨。

圖片提供◎摩登雅舍室內設計

整合餐櫃、紅酒櫃設計。

圖片提供◎摩登雅舍室內設計

超能收 ## Case 13
置頂櫃體，滿足空間收納機能

屋主需求 ▶ 原有廚房的空間較小，且收納不足，希望能擴增收納量。

格局分析 ▶ 廚房隔間略為外擴，加寬空間寬度，並沿兩側。採用雙一字型的櫃體規劃。

櫃體規劃 ▶ 廚櫃全部設計置頂，絲毫不浪費空間，使收納量大大提升。並規劃出收納馬克杯的開放層架，屋主的收藏得以展現出來。

好收技巧 ▶ 由於有收納醬料罐的需求，刻意額外設置旋轉五金，一目了然的設計，好收好拿讓烹煮過程更為順手。

圖片提供◎摩登雅舍室內設計

旋轉五金更好拿。

圖片提供◎摩登雅舍室內設計

Part.2

喜歡收藏紅酒、餐具、公仔，
好想要有一個實用的展示區

＋ 格局設計關鍵

幾何多邊格櫃構築立面風景

因為餐廳呈長方形格局，為調整空間感，選
擇以長桌搭配中島吧檯的配置；整個餐廳最
引人注目的莫過於桌後主牆式餐櫃，設計師
巧妙結合壁龕般的展示櫃，透過大小不一的
幾何多邊格設計凸顯其裝飾與展示機能，構
成美感及機能兼具的立面表情。

圖片提供 ◎ 明代設計

Before

圖片提供 ◎ 明代設計

After

為避免緊鄰玄關的餐廳
格局過於狹長，利用中
島與長桌的家具配置作
微調，並以銜接廚房的
中島增加輕食料理的工
作檯。

＋ 尺寸設計關鍵

480 公分寬餐櫃兼具美型與收納

充滿現代藝術美感的主牆餐櫃，以寬達 480 公分、深 60 公分的量體呈現，但因立面增加了大小壁龕般的幾何展示洞，使其櫃面表情變得豐富有趣，加上燈光與胡桃木襯底的精緻工藝設計，讓櫃體轉化為吸睛的美麗主牆，也成為客廳與書房的最佳端景。

圖片提供 © 明代設計

餐櫃可收藏紅酒，杯具，飾品等…，由於採緊貼天地的設計，讓櫃體轉化為牆面，不顯壓力感。

餐櫃接近大門區的轉角櫃以多邊造形作立體截斷的展示洞設計，使賓客在進入玄關時第一眼就聚焦。

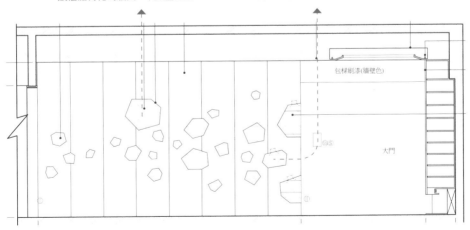

包樑刷漆(牆壁色)

大門

圖片提供 © 明代設計

展示廚櫃設計

吊櫃結合照明設計。

圖片提供 © 福研設計

超美型　**Case 01**
放著收，展現吊櫃高智慧

屋主需求 ▶ 女主人不喜歡在密閉的空間裡煮飯做菜，偏好開放式的中島廚房設計。

格局分析 ▶ 調動廚房至窗戶旁邊，為留管線走道而在窗沿與中島間創造架高區域作為休憩區，下方則為收納抽屜。

櫃體規劃 ▶ 在有限的空間裡設置一字型廚具與廚櫃，對側規劃中島吧檯，上方訂製結合照明的雙層開放式吊櫃。

好收技巧 ▶ 長達 2 米 4 的吊櫃展示女屋主擁有的好鍋，也方便其需要的時候直接取用；還可穿插擺放盆栽或時鐘等居家飾品。

圖片提供 © 森境＆王俊宏室內裝修

▼

好時尚

Case 02
具設計魂的實用中島廚房

屋主需求 ▶ 喜歡下廚、在家宴客的屋主，除了對美食有高要求，對於工藝設計的品味要相當講究。

格局分析 ▶ 與客廳並排發展的餐廳與中島廚房，讓視野與採光更開放，也使得立體的中島吧檯成為注目焦點。

櫃體規劃 ▶ 因重視廚房細節，因此，在中島廚房的檯面、吊櫥與收納櫃等設計尺寸都相當注意，搭配進口名廚，量身訂製專屬廚房。

好收技巧 ▶ 中島上方設有開放吊櫃，可將精緻鍋具與廚房瓶罐擺設在檯面與層板上，整體畫面既優雅、又充滿質感。

圖片提供 © 森境＆王俊宏室內裝修

吊櫃懸掛鍋具
更順手好拿。

Case 03
改變格局創造私家咖啡書店

屋主需求 ▶ 二大一小的小家庭，希望可依據自家生活的使用習慣與頻率，規劃專屬的生活格局。

格局分析 ▶ 打破傳統以客廳為主的格局思考，將兼具用餐、閱讀的大桌視為公領域的中心點。

櫃體規劃 ▶ 讓餐桌放大尺寸且賦予其閱讀區的機能，接著結合喝咖啡的休閒中島與開放書架設計，實現咖啡書店的人文生活場景。

好收技巧 ▶ 臨窗開放層板書架兼具書籍收納與創造風格的裝飾效果，且在左側設計高身門櫃來增加雜物收納區。

門片櫃體用來收雜物。

圖片提供 © 明代設計

Case 04
展示燈櫃打造透明感餐廚空間

櫃體使用霧面玻璃保有光線穿透。

圖片提供 © 森境 & 王俊宏室內裝修

屋主需求 ▶ 希望改善餐廚區低矮、陰暗的空間感，讓家人互動更親近無距離。

格局分析 ▶ 客餐廳中間遇有低樑、且廚房無對外採光，故選擇以開放合併規劃，搭配與客廳的穿視設計來改善封閉感。

櫃體規劃 ▶ 低樑下方作電視與餐廳的雙面櫃，利用鐵件層架作橫向串聯，設計出雙區視線與光線可穿透的展示收納櫃。

好收技巧 ▶ 側牆以霧面玻璃打造美型展示櫃，搭配背光設計為餐廚區增加光源，而廚房上方也採流明天花板提升亮度。

Case 05
滿載女主人才華的多用餐櫃

畸零結構柱內嵌櫃體好俐落。

屋主需求 ▶ 擅長撕畫藝術的女主人，希望在不佔用空間的情況下，也能有工作區與作品展示區。

格局分析 ▶ 客餐廳採開放設計以便關照孩子動態，並將大樑轉為天花造型界定餐區。

櫃體規劃 ▶ 平日女主人可以在餐廳區利用大桌面作為撕畫創作的工作區，而一旁的白色展示櫃則可用來展示作品。

好收技巧 ▶ 由於餐廳左側遇有樑柱，因此以切齊柱寬的方式設計出內嵌的鄉村風餐櫃，展現優雅氣息。

圖片提供 © 爾聞設計

透明玻璃降低色彩與材質的干擾。

圖片提供 © 奇逸設計

Case 06
無痕工法提升玻璃櫃質感

屋主需求 ▶ 從世界各地收集不少馬型塑像，希望能打造專屬的展示空間。

格局分析 ▶ 將餐廚用具配置在廚房，餐廳的牆用來展示屋主收藏。

櫃體規劃 ▶ 選用無痕的特殊工法來黏合由透明玻璃構成的展示格。

好收技巧 ▶ 開放式格架由長寬比例為1：1或1：2的展示格所組成，屋主可在每個格子裡隨意放置不同尺寸或不同組合的小雕像。

深色櫃體配不鏽鋼打造工業感。

圖片提供 © 澄橙設計

Case 07
過道整合展示也符合使用動線

屋主需求 ▸ 喜愛收藏紅酒、品嘗咖啡希望能有展示與沖泡製作的空間。

格局分析 ▸ 大門進來旁側即是餐廳空間，需保留過道入廚房又需要充分收納屋主收藏。

櫃體規劃 ▸ 從客餐廳的相對關係整合收納櫃，將屋主收藏依照使用動線排序並運用金屬色把手與不鏽鋼檯面與深色櫃體凸顯工業風氛圍。

好收技巧 ▸ 整面牆的整合收納不僅只對照一個空間，而是需要依照生活動線排設收納位置。

好彈性

Case 08
一扇門片解決三空間需求

大門片可彈性隱藏酒櫃。

圖片提供 © 珥本 & 王俊宏室內裝修

屋主需求 ▸ 有品酒嗜好的屋主要有西式吧檯，但廚藝精湛的媽媽前來時又有中式廚房與油煙遮蔽的需求。

格局分析 ▸ 以吧檯做中心，左為娛樂室，右則是廚房，必須將三個空間串連並滿足機能與美感。

櫃體規劃 ▸ 利用一扇大門片作左右橫移，下廚時可用門片關上右側廚房，要使用娛樂室則可將門片移至左側，成為獨立空間。

好收技巧 ▸ 中間吧檯區巧妙地利用櫃體厚度作成酒櫃，加上金屬工藝的精緻設計，滿足屋主品酒需求，還可用門片關上酒櫃。

Case 09
懸吊式櫃體專收馬克杯

鐵件材質，結構更穩固。

屋主需求 ▶ 本身有收藏許多馬克杯，不想收在抽屜裡，而是要漂亮地呈現出來。

格局分析 ▶ 吧檯兼餐廳區和廚房整合在一起，無過多空間再設置展示櫃。

櫃體規劃 ▶ 吧檯區上面仍有空間，利用懸吊方式做出∟造型吊櫃。

好收技巧 ▶ ∟造型吊櫃採雙邊收納設計，燈光帶兩側都能擺放馬克杯。

訂製實木廚櫃呼應鄉村風格。

超美型

Case 10
鄉村風廚櫃秀出收藏

屋主需求 ▶ 有許多馬克杯收藏。

格局分析 ▶ 開放式廚房須吻合空間風格。

櫃體規劃 ▶ 訂製實木廚櫃，搭配抽拉、開放層板，也能具備展示效果。

好收技巧 ▶ 馬克杯收藏規劃在最外側的 60 公分開放層板上方，拿取更方便。

Case 11
酒櫃融合屏風與收納

屋主需求 ▸ 有收藏酒類習慣，希望能有秩序收納不凌亂。

格局分析 ▸ 餐廳區緊鄰玄關，櫃體須整合屏風共同設計，較不影響動線。

櫃體規劃 ▸ 酒櫃與一旁的餐櫃做結合，讓空間感更有聚焦的效果。

好收技巧 ▸ 鏤空收納格，紅酒可直接抽取，就算日後要清潔整理也很方便。

3 ～ 4 公分凹槽設計，
輕鬆卡住酒瓶。

Case 12
樓梯合併紅酒櫃強化小屋機能

屋主需求 ▸ 希望能擁有完整的住家機能，平常也有小酌的習慣。

格局分析 ▸ 坪數有限的夾層屋。

櫃體規劃 ▸ 將櫃子當成樓梯的一部分，可容納各式收納，也利用量體區隔廚房與客廳。

好收技巧 ▸ 梯階下方是開放紅酒櫃，下方抽屜還能收其它用品。

從第二梯階設計紅酒櫃，才不用彎腰拿取。

超時尚

Case 13
精選材質呼應空間風格

屋主需求 ▶ 年輕的屋主希望打造略帶冷調的時尚廚房。

格局分析 ▶ 開放式格局，若安排太多櫃體，則會失去原來寬闊感。

櫃體規劃 ▶ 開放式廚房，收納櫃也需呼應空間主要風格，上櫃利用黑色烤漆玻璃門片，營造冷調現代感，並安排間照，滿足實用的照明功能，也可突顯材質的時尚感。

好收技巧 ▶ 採用密閉和開放式設計，可讓屋主展示美麗的器皿，同時將不好看的雜物收起來。

圖片提供 © 界陽＆大司室內設計

烤漆玻璃材質營造時尚感。

---

42 公分深，行李箱也能收。

圖片提供 © 法藝設計

多用途

Case 14
加長型櫃體從早到晚都適用

屋主需求 ▶ 女屋主有許多馬克杯的收藏品，男屋主考量早餐時會需要的烤箱等就在餐桌附近。

格局分析 ▶ 公共空間為較長的長方形，客餐廳相緊臨，透過一長型櫃體的分區設計，完善各別區域所需的機能。

櫃體規劃 ▶ 餐櫃的中段鏤空貼覆木皮材質，為白色長櫃注入溫暖，檯面放置土司機、果醬等食品和杯盤餐具，不必特地前往廚房，就能吃早餐或享用輕食。

好收技巧 ▶ 為避免加長型櫃體體積過於龐大而使空間擁擠，將深度控制在連行李箱都能輕鬆收納的 42 公分，大小雜物都能安心入內。

Case 15
雙用途
是櫃又是牆的公仔樂園

圖片提供 © 奇逸設計

屋主需求 ▸ 希望有一個非封閉式的書房，不僅可以閱讀，也能擺放一系列的公仔模型。

格局分析 ▸ 因房型較長、採光不佳，設計大型櫃體易成為光線流通的阻礙，因而把公仔收納櫃與閱讀空間結合。

櫃體規劃 ▸ 大面積使用玻璃打造出的半透明書屋，較長的側面牆按照屋主的公仔大小尺寸，規劃成專屬的收藏展示櫃，可從內部取放公仔。

好收技巧 ▸ 兼具隔間牆功能的展示收納櫃，不僅使書屋採光良好，對外也正對公共領域，成為公仔們最亮眼的表演舞台。

玻璃展示櫃也是隔間。

LED 提供照明功能。

圖片提供 © 奇逸設計

Case 16
超有型
小巧輕盈的展示區

屋主需求 ▸ 開放餐廚空間，增加可展示的區域。

格局分析 ▸ 開放式格局，量體過於沉重，容易影響開放空間的開闊感。

櫃體規劃 ▸ 吧檯上採用鈦金屬打造一個高 45 公分，寬 150 公分的吊櫃，材質輕薄且為開放設計，看起來輕巧，也相當具有時尚感。

好收技巧 ▸ 面向廚房面的口字型安排 LED 燈，與金屬材質相輝映，讓展示品更聚焦，當然也可做為實際的照明功能。

超美型

Case 17
不只收納更是工藝的呈現

屋主需求 ▸ 規劃出一個可以展示收藏的展示收納區。

格局分析 ▸ 開放空間設計，不適合有太多干擾視覺的大型物件。

櫃體規劃 ▸ 為了將視線專注在收藏品的展示，選擇清透的玻璃材質，打造一個大型收納櫃，層板採用即使輕薄也具承重力的金屬材，兩種材質混搭，即讓體積龐大的收納櫃，感覺卻相當輕盈。

好收技巧 ▸ 櫃體樑下位置，加裝鏡面橫拉門，可讓屋主收起咖啡機等，不適合展示的物品。

金屬層板更顯輕盈。

超美型

Case 18
不同展示收納滿足置物需求

屋主需求 ▸ 有煮咖啡、品酒嗜好，相關設備、食器、飲品等，都能有自身的陳列方式。

格局分析 ▸ 餐廳與廚房之間剛好有一道粗橫樑，樑的存在總讓視覺感到壓迫。

櫃體規劃 ▸ 利用樑下所產生的空間製成一道展示櫃，擺放屋主調酒相關之物品；另一旁則以層板、水管製成收納層架，擺放杯碗、餐盤等食器。

好收技巧 ▸ 門片以透明玻璃為主，拿取前即可先透過視覺搜尋，提升使用上的方便性；層架則未配置過高，有助於拿取時的舒適度。

玻璃門片更好搜尋。

前緣提高至 4 公
分，收得更安全。

圖片提供 © 陶璽空間設計

圖片提供 © 陶璽空間設計

超整齊

Case 19
專屬於「城市馬克杯」藏家
的展示櫃

屋主需求 ▶ 有蒐藏星巴克城市馬克杯的喜好，
希望能展示於空間中。

格局分析 ▶ 餐廳是家人主要活動的空間，便將
展示牆配置餐廳旁，能時時欣賞。

櫃體規劃 ▶ 展示櫃依城市馬克杯規劃出深約
13～14 公分、高約 14～15 公分的層架，一
層約可放 9 個馬克杯。

好收技巧 ▶ 層架最前緣的厚度有特別提高至 4
公分，提高突出部分類似擋板功能，讓收納擺
放能更穩固、安全。

超精緻

Case 20
善用燈光排列打造精緻展示

屋主需求 ▶ 一系列的陶瓷蒐藏品，期望依照不同屬性藏品作出特別的展示櫃。

格局分析 ▶ 包廂概念打造餐廳空間，同時也能讓三五好友在聚餐同時，把玩觀賞屋主蒐藏。

櫃體規劃 ▶ 以燈光從上方、下方、左方或右方等來投射出每一個展示區域的不同色澤，讓屋主依照不同形狀的蒐藏品擺放，成就精緻多變的展示櫃。

好收技巧 ▶ 除了展示櫃體外，其實一旁的拉門拉開隱藏了一台電視，讓空間的機能度變高。

不同角度燈光投射展現不同色澤。

展示櫃旁隱藏儲藏室。

超有型

Case 21
轉彎過道衍生展示端景

屋主需求 ▶ 重視客餐廳空間，是客人最常聚集的區域。

格局分析 ▶ 一進門就是餐廳，因此在視覺上要讓人一進門也不能有雜亂感，收納動線就要精確且完全隱藏。

櫃體規劃 ▶ 善用進門左側的空間，區隔出一個箱子概念，左方門片為一間儲藏室，往左側繼續走動轉角處有著開放式的展示櫃，提供屋主放置進出門的鑰匙。

好收技巧 ▶ 除了展示櫃與儲藏室外，位於料理檯面右側的門內藏一間廁所，提供賓客使用，將三機能通通「收」的乾乾淨淨。

Case 22
善用中島旁的牆面，讓美麗的杯子排排站

屋主需求 ▶ 旅行帶回來的每一個杯子都能完整的被展示

格局分析 ▶ 全開放式的廚房與餐廳，其實右方連結著客廳。大膽的使用紅色廚具顯現屋主的優雅與甜美。

櫃體規劃 ▶ 設計白色的小中島，延伸一旁、剛好能放馬克杯的空間，讓每一個杯子都能完整被展示出來，且屋主使用起來也非常方便。

好收技巧 ▶ 預先了解馬克杯的高度尺寸規劃層架，避免有放不進去的情況。

圖片提供 © 白金里居空間設計

狹長設計收納馬克杯更方便。

原木色調櫃體展現明亮感。

圖片提供 © 白金里居空間設計

Case 23
善用廊道兩邊，讓鍋具、紅酒通通站好位

屋主需求 ▶ 能讓餐廚用品有好的收納方式，也能有酒櫃機能。

格局分析 ▶ 此案空間不大，但卻希望五臟俱全，尤以在收納上，設計師運用廊道兩邊，設計出系統櫃體，讓收納變得簡單自然不刻意。

櫃體規劃 ▶ 廊道左側為紅酒櫃體與餐具櫃，右側則為書櫃、展示櫃，僅用一種原木色調，配合地面石材，展現空間的明亮感。

好收技巧 ▶ 開放式櫃體，讓屋主收納一目了然，也不需要翻箱倒櫃。

超美型　Case 24
中島吊櫃完美展示鍋具

屋主需求 ▶ 喜歡下廚與購買多種色彩鍋具的屋主，希望能有個共享的餐廚空間。

格局分析 ▶ 開放式廚房設計，後方以深色木材質打點廚房電器櫃，配合餐桌的色調，讓整體視覺更收斂乾淨。

櫃體規劃 ▶ 利用中島上方以鐵件設計出一小區開放式的吊櫃，讓女主人能將自己喜歡的鍋具，展示擺放出來。

好收技巧 ▶ 吊櫃高度專為屋主身高設定，讓屋主拿取方便，抬起頭時就能欣賞自己的漂亮蒐藏。

吊櫃高度依照屋主身高設定。◀

圖片提供 © 白金里居空間設計

好拿取　Case 25
餐廚收納合併

斜放設計可清楚辨識酒標。◀

圖片提供 © 摩登雅舍室內設計

屋主需求 ▶ 平時有品酒的習慣，希望能納入酒類的收納和展示區。

格局分析 ▶ 敲除隔間，餐廳與廚房合併，形成完整的方正空間，中央設置中島，型塑用餐品酒的空間重心。

櫃體規劃 ▶ 空間四面皆做滿櫃體，並透過家電配置隱隱劃分餐廚收納。廚具採用 L 型規劃並置於靠窗處，便於通風，靠近中島一側則規劃酒類展示區。

好收技巧 ▶ 酒櫃層架採用斜放設計，讓人更方便辨識酒標，拿取更順手。中島下方則另做收納空間，約莫 50 公分的深度，方便放置乾糧備品。

Case 26
多材質打造中西融合展示櫃

屋主需求 ▶ 中西混搭的風格，大量的展示櫃體。

格局分析 ▶ 在公私領域的交界處上，使用藍綠色牆面來區隔氛圍，端景的白色與地面的白色創造出空間深邃。

櫃體規劃 ▶ 運用多種材質混搭出多種有趣的櫃體，滿足屋主各式各樣中西方的小物收納展示。

好收技巧 ▶ 右邊用訂製美耐板，帶著絲木紋的金屬邊框櫃體，讓杯盤展示如精品。左邊的黑色櫃體以窗花的形狀做設計，提供更活潑的收納。

窗花語彙融入中式元素。

圖片提供 © 白金里居空間設計

Case 27
鏡面與燈光映襯，
酒櫃成為視覺焦點

屋主需求 ▶ 有品酒嗜好的屋主經常會邀請親友聚會，希望能有吧檯和酒櫃作為聚會和展示酒品收藏的空間。

格局分析 ▶ 餐廳和吧檯沿牆設置，留出空間藉此容納更多客人。鏡面後方則暗藏儲藏室，擴增收納空間。

櫃體規劃 ▶ 採用開放層板，羅列收藏酒品，並加上鏡面作為背板，與鏡牆相呼應，並巧妙運用藍色光源，展現派對空間的獨特氛圍。

好收技巧 ▶ 酒櫃層板間距多在 30～35 公分左右，方便擺放多種酒品，開放式的設計方便拿取，也作為展示之用，同時下方則以門片櫃隱藏雜亂。

層板間距 30～35 公分左右，可擺放多種酒品。

圖片提供 © 演拓空間室內設計

超整齊

Case 28
工業風廚櫃秀出自己的蒐藏

玻璃門片好拿取也沒有灰塵。

屋主需求 ▶ 有許多杯盤蒐藏，希望能在居家空間中展現出來。

格局分析 ▶ 將展示型櫃體一併融於餐櫃設計中，與開放空間、工業風格相吻合。

櫃體規劃 ▶ 餐櫃上下深度約為 40～45 公分，上為展示型收納，中間鏤空則可放一些電器物品，至於下方則以為開門形式的收納設計。

好收技巧 ▶ 上方展示型收納仍加有以透明玻璃為主的門片，清楚地將蒐藏做了展示，還能提升拿取時的方便性，更重要則是不用擔心灰塵的影響。

圖片提供 © 浩室空間設計

雙面櫃設計更省空間。

圖片提供 © 摩登雅舍室內設計

多機能

Case 29
雙面櫃體兼具收納和隔間機能

屋主需求 ▶ 有大量儲物需求，喜愛旅遊的屋主有許多紀念品希望能展示出來。

格局分析 ▶ 拆除隔間，以雙面櫃區隔廊道和臥房，兼具收納和劃分空間的機能。

櫃體規劃 ▶ 在視線焦點處採用開放設計，讓人能一眼望盡展示品，成為美麗的廊道景象。

好收技巧 ▶ 由於為雙面皆可用的櫃體，一面面向臥房作為衣櫃，一面則面向廊道作為展示之用，展示櫃深度約在 40 公分。下方門片櫃則可收納備品，有效遮掩凌亂景象，維持乾淨立面。

column

餐櫃 & 電器櫃尺寸細節全在這

|提示 1 |

設計低於 90 公分的平台置放

若沒有專用的電器放置區，微波爐或小烤箱一般都習慣放在廚房或餐廳的檯面上，熱菜、烤吐司都較為順手使用，然而這類純粹機能性的物品若收納不當，常會讓空間看起來擁擠而雜亂，建議可將高度降低到檯面以下，也就是低於 90 公分，減少視覺上的存在感，或是加裝上掀的櫃門，不使用時隱藏起來即可。

|提示 2 |

紅酒瓶深度約 60 公分

若是紅酒類的酒瓶，多為平放收藏，需要注意的是深度不可做太淺，瓶身才能穩固放置，以免地震時容易搖晃掉落。一般來說，深度約做 60 公分，若想卡住瓶口處不掉落，寬度和高度約 10×10 公分以內即可。若收藏的酒類範圍眾多，瓶身大小不一，則適合做展示陳列。

|提示 3 |

電器櫃深度、寬度約 60 公分，高度 48 公分

微波爐、烤箱等家電，不僅外型較為方正，尺寸落差也不大，只要注意好散熱問題，將深度和寬度設計在 60 公分上下，並給予約 48 公分以上的高度就可以了。

|提示 4 |

8 ～ 15 公分抽屜適合收納刀叉

體積比較小的刀叉和湯匙，建議可規劃在餐櫃或是廚櫃下櫃的第一、二層，利用高度大約 8 ～ 15 公分的抽屜，搭配簡易收納格分類收納，就能快速且清楚地找到所要的東西。

|提示 5 |

根據使用者身高配置電器櫃高度

以 165 公分的使用者來說，眼睛平視電器顯示面板的高度約為 155 公分，扣除咖啡機或蒸爐的機身高度（通常為 46 公分高），順勢而下設置烤箱，是較適合的配置方式，若烤箱擺放於底櫃而非高櫃時，在人體工學可接受的範圍內，烤箱下緣距離地面最近可到 30 公分左右。

書房

書櫃設計以開放和隱蔽兼具最佳，但需留意比例上的分配，才不會讓書櫃顯得雜亂又笨重。有門片的隱蔽書櫃，以實用為優先考量，搭配可調整高低的層板，以應付各種規格的書籍，甚至放個兩排、三排都可以。一方面也要了解書籍種類、比例、與尺寸，將同一櫃體規劃不同高低差的收納櫃格，以最有效率、省空間的方式加以收藏，達到適度遮蔽與統一視覺的效果。

Part.1　就是想要一間書房可以整齊收納
　　　　電腦還有眾多的書

Part.2　喜歡空間寬敞、能和家人互動的
　　　　開放式書房，但又怕最終變得好亂

就是想要一間書房可以整齊收納
電腦還有眾多的書

✚ 格局設計關鍵

局部玻璃隔間營造通透視野

為了讓客餐廳格局更通透、無隔閡，將客廳後方書房的二面牆拆切，改以半通透的玻璃隔間，讓公共廳區的採光與視野互通無阻。而書桌椅選擇以輕巧低背款，同時牆式書櫃也以曲折線條剖切櫃門，展現高挑、俐落的穿透感。

圖片提供 © 明代設計

將接鄰客廳與餐廳的牆面局部採玻璃隔間設計，讓採光與視野都能更顯通透無礙。

圖片提供 © 明代設計

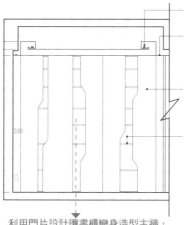

＋ 尺寸設計關鍵

寬 272 公分高櫃足可容納各種書籍

寬 272 公分、高 268 公分的書牆，容量相當大，搭配 50 公分的櫃深設計足可收納各種尺寸的書籍；在立面設計上，先將櫃內貼以染黑木皮襯出底色，門片則以淺色木皮搭配曲折線條設計出鏤空穿透造型，讓牆面更具造型感外，視覺也更顯深邃。

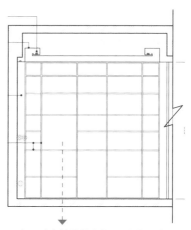

利用門片設計讓書櫃變身造型主牆，同時鏤空的玻璃圖案讓視線可延伸，也減緩高櫃壓迫感。

大尺寸書牆的深度約 50 公分，除了可以收納各種書籍物品外，同時櫃深恰可消弭結構樑的量體，避免畸零感。

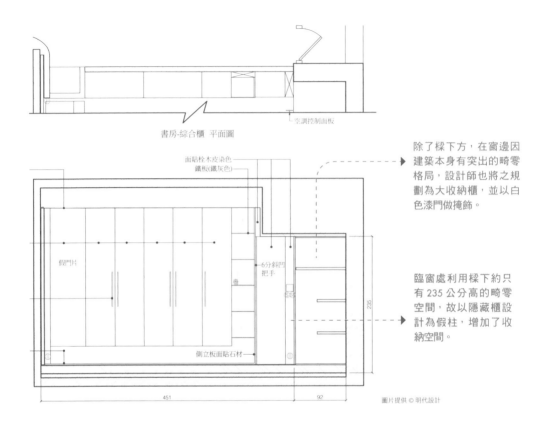

書房-綜合櫃 平面圖

空調控制面板

面貼栓木皮染色
鐵板(鐵灰色)

假門片

6分斜凹
把手

側立板面貼石材

451　92　235

圖片提供 © 明代設計

除了樑下方，在窗邊因建築本身有突出的畸零格局，設計師也將之規劃為大收納櫃，並以白色漆門做掩飾。

臨窗處利用樑下約只有 235 公分高的畸零空間，故以隱藏櫃設計為假柱，增加了收納空間。

＋ 尺寸設計關鍵

美形牆櫃將畸零空間完全利用

書桌後方的木牆櫃同時也是取代主臥室與書房的隔間牆，規劃上除了右側有一座開放層板櫃與五座木門櫃外，最左側則作為主臥室電視牆的視聽櫃，開口在主臥室，書房面則以假門片裝飾，如此設計也方便書房內擺設鋼琴的規劃。

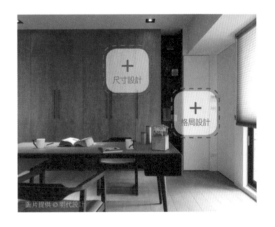

尺寸設計

格局設計

圖片提供 © 明代設計

＋ 格局設計關鍵

通透格局賦予木書房清麗質感

客廳後方的房間兼具書房與客房雙機能，為了讓格局更具流動感，特別將緊鄰客廳的牆面切割出一扇出口，形成環狀動線，也讓視野與採光更具通透感。而另一側與主臥室相鄰的牆面則規劃為密閉書櫃與開放層板櫃，並將書櫃左側作鋼琴區，使書房用途更多元化。

圖片提供 © 明代設計

書房區以架高 15 公分木地板與走道及客廳做出明顯區隔，同時也更能滿足客房的溫潤空間感。

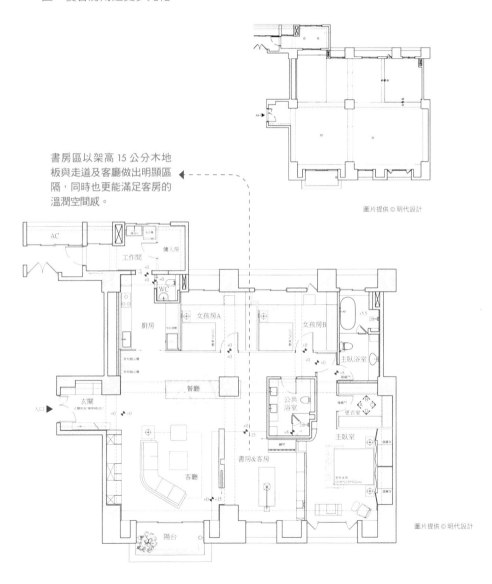

圖片提供 © 明代設計

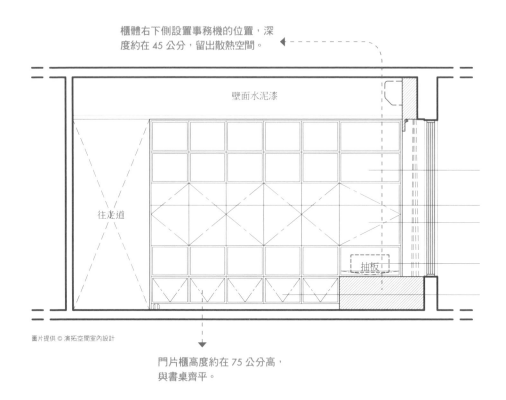

櫃體右下側設置事務機的位置，深度約在 45 公分，留出散熱空間。

壁面水泥漆

往走道

抽板

圖片提供 © 演拓空間室內設計

門片櫃高度約在 75 公分高，與書桌齊平。

✚ 尺寸設計關鍵

依桌高設置門片櫃和開放櫃的界線

望向書房時，為了讓櫃體成為視覺焦點，刻意將下方門片櫃的高度與桌高齊平，約在 75 公分。上方的開放層板則交錯使用不同間距，約在 15 ～ 35 公分高，空間更顯活潑，也創造不同的收納方式。

格局設計

尺寸設計

圖片提供 © 演拓空間室內設計

✚ 格局設計關鍵

玻璃隔間設計，即便辦公也不減互動

屋主在家工作的時間較長，需有一處辦公空間，因此將長型的客廳一分為二，運用玻璃隔間區分內外，既能專心工作也不失與家人互動的時刻。書房隔間恰與廚房齊平，維持視覺的一致。

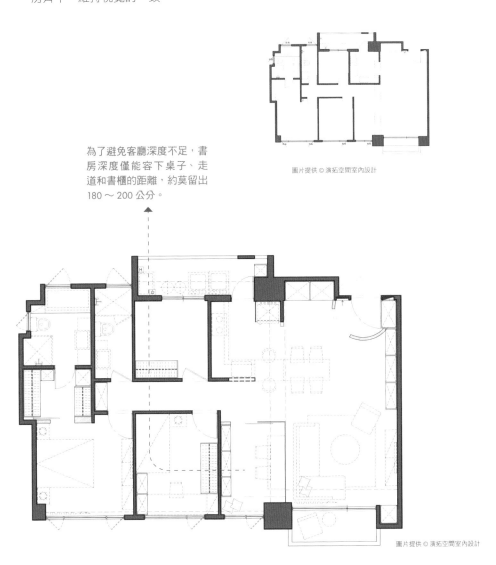

圖片提供 © 演拓空間室內設計

為了避免客廳深度不足，書房深度僅能容下桌子、走道和書櫃的距離，約莫留出 180 ～ 200 公分。

圖片提供 © 演拓空間室內設計

書櫃設計

圖片提供 © 福研設計

書可站立也可橫放。

圖片提供 © 福研設計

抽屜專門收雜物。

好分類　**Case 01**
厚此薄彼的最佳收納拍檔

屋主需求　男主人與女主人皆為醫生，愛看書又注重兒童教育，書房裡需有大量收納空間。

格局分析　書房正對著廚房吧檯，將開放式書櫃底部塗上藍色，成就媽媽視角裡的一抹藍天。

櫃體規劃　一側採用厚度僅有 0.5 公分的鋼板烤漆作為書架；另側延續空間整體的木質感設計封閉式書櫃，收與放的線條語彙相呼應，形塑和諧的書櫃風景。

好收技巧　鋼烤書架的切割方式，不僅讓書背朝外站立，還可橫放；挑高的隔間讓尺寸較大的童書也有專屬的位置，中段抽屜可收納雜物。

大容量

Case 02
柱體延伸雙層書櫃和大儲物櫃

圖片提供 ©FUGE 馥閣設計

屋主需求 藏書量多，希望擁有足夠的收納空間與獨立書房，讓爸媽和小孩共同使用。

格局分析 20餘坪的中古屋，因前方面臨大馬路，於是將臥房移動後方，並利用客廳旁的空間規劃獨立書房。

櫃體規劃 利用結構柱體深度衍生大型儲物櫃與雙層書櫃，八角窗面的桌面兩側因空間略窄，櫃體適合收納小件雜物。

好收技巧 隨著左右櫃體移動，櫃體上方的燈光會自動開啟，方便搜尋想要的書籍，雙層容量局部也作為男主人展示公仔使用。

書櫃旁邊的大型儲物櫃專門收納大型家電。

收最多

Case 03
大容量雙排書櫃

前排活動櫃的上下皆有軌道。

圖片提供 ©當代室內設計

屋主需求 擁有大量藏書，同時又希望空間能維持簡潔。

格局分析 靠窗處設置L型檯面，單側長牆擺放書桌椅，剩下一道長牆配置書櫃。

櫃體規劃 前排為三個活動高櫃，利用滑軌來輕鬆地左右移動；其後則配置整牆的落地書架。

好收技巧 後排開放式層板，便於取放書籍。前排設門片，避免書籍在移動櫃體時掉落。

層格高度不一，可根據設備擺放。

Case 04
借用空間規劃迷你收納櫃

屋主需求　書房兼起居室，但希望能有櫃子專門收納印表機等設備。

格局分析　家具已就定位，僅能從牆邊找空間規劃收納櫃。

櫃體規劃　書房內規劃與天花板等齊的櫃子，滿滿的層格可收納書籍，也能擺放印表機等相關設備。

好收技巧　左右兩側利用層板做出收納，中間則除了層格還加了抽屜，層格高度都有不同，可依印表機、傳真機、數據機等設備，決定擺放位置。

超極簡

Case 05
沉穩書牆的趣味變化

屋主需求　希望呈現穩重、溫暖的空間感。

格局分析　與主臥串聯的小空間，不適合安排大面書牆，以免過於壓迫。

櫃體規劃　以深木色與深色漆色做為櫃牆主要視覺，此時層板則選擇既輕薄又具承重力的鐵板，適當簡化櫃牆線條，化解深色的沉重感，而鐵板刻意不對稱分割，也替穩重的書房，製造讓人玩味的變化。

好收技巧　把有門片的收納規劃在最下層，門片也選用深色，藉此融入牆面，同時也便於平時收放。

圖片提供 © 奇逸設計

門片收納集中下方
便於收放。

超好拿

Case 06
造型滑門隱藏事務機

門片可自由滑動到任意位置，無需起身就能使用櫃體暗藏的事務機。

屋主需求　在家工作常需列印文件。

格局分析　大面側牆配置落地櫃架；書桌椅則設置在櫃架的前方。

櫃體規劃　整座櫃體內為層板，外設三片白色的大型拉門。

好收技巧　事務機設於椅子後方、櫃體中段的位置。屋主坐在椅子上轉個方向、推開門片，就能取出列印的文件。

抽屜下方可收納生活物品。

圖片提供 © 寶豐空間規劃設計

大容量

Case 07
架高方式提升書房的收納容量

屋主需求　這既是書房亦是起居間，希望有限坪數下，能有不同形式的收納，作為機能使用時置物上的多重運用。

格局分析　屋型屬狹長型，書房就落在格局的中央，除了沿牆面配置櫃體，另外也選擇從地板處製造收納櫃。

櫃體規劃　書桌區共規劃了 10 個深度約 60 公分的書架，足夠的尺度，可擺放一般開本大小的書籍；下方地板在架高了 30 公分後，配置出 3 個深度約 65 公分的抽屜，可用來收放一些簡單的生活用品。

好收技巧　書桌區的收納櫃是展示型，相關物可直接拿取很方便；地板下方收納則為抽屜型，藉助滑軌五金輕輕一拉便能將抽屜送出，擺放物品。

超整齊　Case 08
超大書牆滿足漫畫迷

屋主需求　喜歡收藏漫畫,希望能有完整展現的空間。

格局分析　書房規劃於客廳旁,藉由可調整得隱藏橫拉門,增加書房獨立的使用需求。

櫃體規劃　雙面玻璃櫃牆做為客廳、書房的隔間與漫畫書牆,既是視覺焦點也讓場域之間保有延續的效果。

好收技巧　由於漫畫封面、書背色彩較為豐富,櫃體特意選用白色,只要根據系列排列就很整齊。

玻璃書櫃貼有卡典西得,可透光卻不透視。

圖片提供 © 甘納空間設計

灰藍牆色搭配進口壁紙展現優雅氛圍。

圖片提供 © 爾聲空間設計

好分類　Case 09
可分類儲藏的大容量書櫃

屋主需求　為旅居歐洲的學者夫婦,女主人返國後從事教職,需要有專屬獨立的工作室。

格局分析　原有四房格局,除了預留一間小孩房之外,另兩房分別規劃為男女主人各自使用的書房。

櫃體規劃　女主人因收納書籍、事務機等需求,將坪數較大的臥房變更為書房,並充分利用兩側規劃玻璃、開門式櫃體。

好收技巧　櫃體依照無印良品檔案夾尺寸約莫也是30公分作為設定,方便屋主做分類儲藏。

圖片提供 © 相即設計

Case 10

超整齊 辦公事物機藏在桌面下，雜亂看不見

屋主需求 打造一個能讓孩子專心讀書的空間。

格局分析 位於頂樓的寬敞空間，設計師將動線分為二，家教講課的動線和孩子讀書的動線。

櫃體規劃 在家教講課的檯面下方做為事物機收納空間，檯面後方為黑板漆牆面，方便家教授課教學，檯面的另一端極為孩子的學習空間。

好收技巧 事物機收納空間為開放式，讓屋主在使用起來方便靈巧，且也因為降低了高度，在視覺上也自然的遮蔽了雜亂的收納感。

圖片提供 © 相即設計

降低事務機收納高度，遮蔽雜亂。

拉門開闔可變客房。

圖片提供 © pal奄里居空間設計

多機能

Case 11
互動式書房，讓孩子快樂學收納

屋主需求　想要一間書房可以整齊收納。

格局分析　用玻璃與木材質讓書房成為半開放式格局，平時完整開放，讓屋主能坐在客廳時也能看見孩子在書房玩樂閱讀。

櫃體規劃　除了客廳沙發背牆黑色的書櫃外，書房在櫃體上用燈光引出溫度，當有客人來時，窗簾一拉木門一關，就又成了一間較為隱秘的私人客房。

好收技巧　書房的開放式展示櫃，能讓孩子學習如何有效收納，或擺放自己喜歡的玩具書籍等。

好能收

Case 12
善用窗檯空間設計收納

屋主需求　男主人需要有一間獨立書房辦公。

格局分析　書房隔間略為外推，形成長型空間。

櫃體規劃　由於空間寬度較窄，以窗檯為中心設置書桌，桌子兩側則善用窗檯下方空間設計櫃體，使書桌和櫃體融為一體，避免佔據過多坪數。

好收技巧　因應辦公的收納需求。客製化的書桌特別加設抽屜，方便收納文件和文具用品。窗檯下方櫃體略為突出，加深至 50 公分深，加大收納容量，物品更好收。

圖片提供 © 摩登雅舍室內設計

50 公分深櫃體，增加儲物量。

線槽設計巧妙隱藏雜亂的電線。

Case 13
設備電線不外露，空間更整齊

屋主需求 屋主有在家辦公的需求，但又不希望凌亂的電線、設備外露。

格局分析 微調隔間，將書房納入主臥內部，形成兼具臥寢和辦公的空間。書房隔間採用通透玻璃，但刻意調整書櫃位置，巧妙遮住臥房保有隱私。

櫃體規劃 櫃體採用 L 型排列方式，圍塑書房領域，櫃體兩側皆不做滿，留出通往主臥的雙向通道。櫃體上方開放式的設計方便拿取物品，也成為空間的展示背牆。

好收技巧 辦公設備通通收在櫃體下方，運用門片遮掩，同時透過線槽設計巧妙藏線，維持視覺的潔淨。

圖片提供 © 演拓空間室內設計

Case 14
訂製家具擴充收納，機能滿載

薄抽屜適合收納文具用品。

圖片提供 © 摩登雅舍室內設計

屋主需求 除了希望擴充收納之外，也能與家人產生良好互動。

格局分析 延續原有格局，僅在書房隔間設置假窗，書櫃刻意正對假窗，從客廳往書房內部看，書籍擺飾就成為最美的焦點。

櫃體規劃 客製化的書桌附設抽屜，便於收納文件文具，而窗邊臥榻也不放過，下方也拉抽，給予充足的收納空間。

好收技巧 臥榻收納由於高度較低，採用抽屜設計，就能輕易拿取藏在深處的物品。

Part.2

喜歡空間寬敞、能和家人互動的 開放式書房，但又怕最終變得好亂

✛ 格局設計關鍵

垂直層次創造豐富空間感受

17 坪、42 年的舊公寓有著一般老屋狹長且採光不良的問題，設計師重置格局，大面落地窗即使是單面採光也令公私領域都有充足光線，而為了滿足屋主閱讀區的需求，設計師將沙發高度延伸出猶如咖啡廳吧檯概念的高腳閱讀桌面，高背沙發、書桌、展示書牆，創造具有十足層次的垂直視野。

圖片提供 © 雲司國際設計

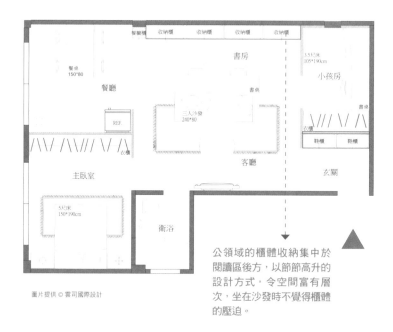

圖片提供 © 雲司國際設計

公領域的櫃體收納集中於閱讀區後方，以節節高升的設計方式，令空間富有層次，坐在沙發時不覺得櫃體的壓迫。

✚ 尺寸設計關鍵

視線以下做大面積的收納櫃

因為房子的空間不大，因此將主要收納置於書桌後方大面積的收納量體，設計要點在於視線以下做大量收納：與書桌齊高的櫃體，下方約 125 公分，能滿足大量生活雜物的收納需求，而上方則以多種形式開放式層櫃呈現，令空間具有變化。

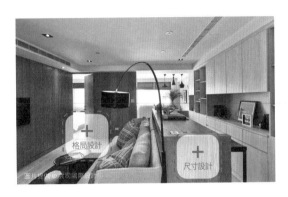

與書桌齊高的櫃體，下方約 125 公分，能滿足大量生活雜物的收納需求，並因位於視覺下方而不感覺壓迫。

收納櫃一分為二，上方以多種形式的門片與層板展示收納，令空間不顯呆板。

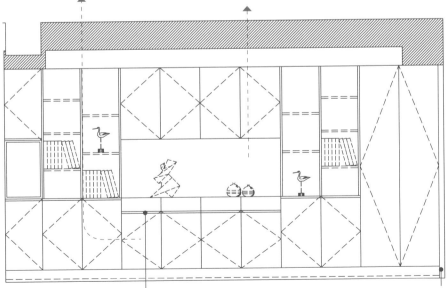

圖片提供 © 雲司國際設計

利用雙面櫃的設計將結構柱體完全
包覆、虛化，同時也節省了牆面厚
度，爭取到更多收納空間。

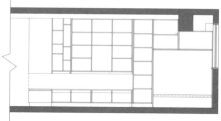

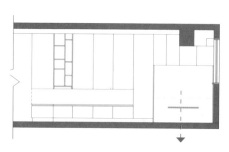

書房面的牆櫃從窗邊向
內分別配置有鋼琴區、
門櫃與展示櫃，而下方
則有置物檯面，具有豐
富多元的收納內涵。

✚ 尺寸設計關鍵

雙面櫃滿足書房與臥室的收納需求

將書房與主臥之間的隔間牆改以雙面
櫥櫃取代設計，雙邊櫃深各約 50 公
分，在書房面主要作為書櫃與展示
櫃，至於臥室端則是成排的衣櫃，不
僅置物收納相當便利，100 公分的櫃
體深度也可兼顧隔音效果，可謂節省
空間的好設計。

尺寸設計

格局設計

✚ 格局設計關鍵

水平、垂直軸線成功整合視覺

在客廳沙發後方以茶色玻璃與木作區隔出半開放書房區，為避免書房櫥櫃的凌亂感，設計師將書桌後方的牆面以白色門櫃搭配水平軸線的檯面，創造出更多置物空間，並且在突出柱體處設計以開放層板櫃，形成牆櫃中的垂直軸線，讓視覺更聚焦且整齊。

利用茶鏡與木作櫃體，在沙發後方打造開放式書房，運用更具靈活性，茶玻的採用，也有視覺的放大效果。

圖片提供 © 耀昀設計

圖片提供 © 耀昀設計

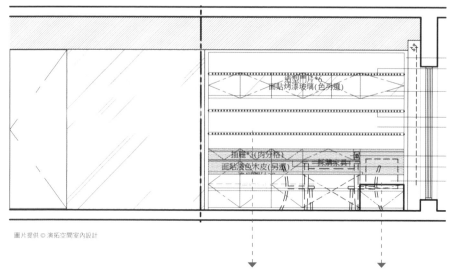

面貼烤漆玻璃(色系選)

抽盤式(內分格)
面貼淺灰木皮(另選)

圖片提供 © 演拓空間室內設計

書櫃層架高度取決於
屋主書籍的需求，量
身訂製約在 35 ～ 40
公分左右。

深度不夠的情況下，櫃
體右側留出開放拉抽放
置事務機。

✚ 尺寸設計關鍵

深度 40 公分，視覺比例不厚重

作為辦公用的書房空間，通常需配置
事務機，屋主的事務機深度超過 50
公分，但開放書房的設計能一眼望見
櫃體深度，為了讓櫃體比例適中不顯
厚重，深度僅作 40 公分，列印事務
機另設開放櫃收納。順應桌高在櫃體
一側設置線槽，方便使用之餘，也能
有效隱藏凌亂電線。

尺寸設計

格局設計

圖片提供 © 演拓空間室內設計

✛ 格局設計關鍵

破除隔間，書房納入客廳的一環

屋主為一對年輕夫婦，人口單純，對臥房的需求不大，因此將原有四房改為兩房，其中鄰近客廳的隔間敲除，改設立開放書房，並以懸浮電視牆區隔。電視牆兩側不做滿，雙動線的設計讓行走更隨心所欲。書櫃則沿牆設置，開放層板的設計，讓櫃體不顯沉重，同時入門處的轉角櫃特意打斜設計，一入門視線便能穿透書房，有效放大空間。

書櫃設計靠牆，留出中央寬廣空間，電視櫃懸浮置中，形成回字動線，行走更方便。

圖片提供 © 演拓空間室內設計

圖片提供 © 演拓空間室內設計

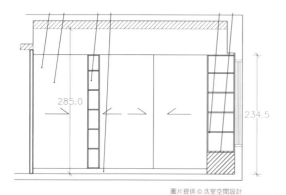

285.0

234.5

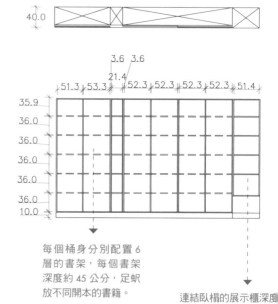

40.0

3.6　3.6
21.4
51.3　53.3　52.3　52.3　52.3　52.3　51.4

35.9
36.0
36.0
36.0
36.0
36.0
10.0

每個桶身分別配置 6
層的書架，每個書架
深度約 45 公分，足蚣
放不同開本的書籍。

連結臥榻的展示櫃深度
約 50 公分，提供屋主
擺放個人其他蒐藏飾品
之用。

✚ 尺寸設計關鍵

45 公分深讓一般或特殊
開本都能放

3 個門片後內含 6 個桶身的書櫃，每
桶身共規劃 6 層的書架設計，而每一
層深度約 45 公分，足夠的尺度，無
論屋主的個人藏書尺寸是一般或特殊
形式，都能夠被放入。

✚
尺寸設計

✚
格局設計

＋ 格局設計關鍵

門片式書櫃減輕日後清潔難度

屋主期盼有一個大書櫃收納個人的藏書，但由於書房屬公共區，又為開放形式，為減輕日後清潔上的困難，選擇加入門片，適時展開能作為相互映襯空間設計的一種，闔起則可降低落塵的影響。

圖片提供 © 浩室空間設計

除了門片式書櫃外，連結臥榻區的地方也做了一道展示型收納，同樣也可用作擺放屋主個人的蒐藏飾品。

圖片提供 © 耀昀設計

書櫃設計

高度不一，任何開
本幾乎都能放。

圖片提供 © 福研設計

好有型　**Case 01**
跟著屋頂走的方塊拼圖牆

屋主需求　曾居住海外的夫妻喜歡用相框
裱褙照片，將回憶和書本等飾品一起擺放。

格局分析　把透天頂層最佳的視野留給公
共領域，以書房的大面窗戶引進自然光和
綠意。

櫃體規劃　在原有的斜屋頂下，創造階梯
式的天花設計，同時納入完整的書牆規劃，
大小不同的方塊拼貼出獨特的空間表情。

好收技巧　櫃深為 40 公分，分割出不同高
度的收納格、抽屜，部分具有門片，可按
需求收藏、展示尺寸各異的相框或飾品。

圖片提供 © 福研設計

不受限　Case 02
書櫃隔間滿足收納與光線

屋主需求　男主人需要書房，以及孩子寫功課的地方。

格局分析　原本廚房旁是一房，然而卻阻礙了屋內光線的流通，變更為開放式書房與廚房串聯，光線、空間感便能獲得提升。

櫃體規劃　書房與客餐廳之間利用書櫃作為隔間，讓兩側光線自由流竄，也帶來豐富的藏書機能。

好收技巧　書櫃局部搭配門片式設計，既可擺放書籍也能收納其他生活雜物。

圖片提供◎日作空間設計

圖片提供◎日作空間設計

↓

右側書桌可移動合併後方桌面使用更彈性。

好新潮　　**Case 03**
黑與白的經典、纖薄之美

門片櫃體用來收雜物。

屋主需求　對生活中的每一物件既要求實用又要有極高設計感。

格局分析　在客廳與臨窗的休息區的中間轉角地帶，規劃開放書房，可在此使用電腦與閱讀。

櫃體規劃　書桌後方牆面規劃造型書架，白色鐵件的纖薄量體搭配橫、直及弧線的律動造型，讓書架有如裝置藝術。

好收技巧　高低不一的層板，讓書架內的書籍與物品可依不同大小來擺放，同時也打破整齊擺放的規則，讓畫面更生動。

圖片提供◎森境＆王俊宏室內裝修

好寬敞　　**Case 04**
書房藏進壁櫃內

利用壁櫃手法將書房隱藏起來。

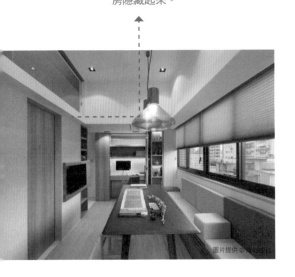

圖片提供◎齊心設計

屋主需求　只有9坪，但男主人還是需要在家辦公的空間。

格局分析　拆除原本入口左側的廚房，利用鄰近結構柱的地方規劃書房。

櫃體規劃　書桌與收納層架隱藏在壁櫃內，需要時打開就擁有書房機能，平常門關起來又能保持整齊。

好收技巧　書櫃整體深度約７０～８０公分之間，椅子可完全收在桌面底下，書櫃層架３０公分高可擺放各式書籍。

省空間 **Case 05**
櫃中屋的空間收納術

屋主需求 不需要太多房間,渴望有一開闊的閱讀區,可作為客廳的延伸。

格局分析 拆除不必要的房間後,不僅客廳變得寬敞,後方也可設置一間半開式書房。

櫃體規劃 訂製的歐風造型書櫃與牆面融為一體,深度 35 公分符合屋主的藏書收納,木作線板向上延伸包覆樑,空間瞬間長高了。

好收技巧 架高地板輔以鏡面與木質交錯的折疊門,書房可收起來變客房;保留左側原始的衣櫃和開放式層板,使收納機能更齊全。

開放層板可做展示用。

不同高低櫃格,任何尺寸都能收。

多機能 **Case 06**
餐廳與書房兼併,型塑多機能空間

屋主需求 由於書籍較多,且有讀書和辦公需求,希望有個開放的書房空間。

格局分析 將客廳和書房的隔間去除,開放的設計有效擴展空間深度。運用靠窗的畸零角落設置書桌,擁有用餐和辦公的複合機能。

櫃體規劃 櫃體置中,左右兩側以線板鋪陳,融入古典對稱元素。櫃體上方採用開放層板,好收好拿之餘,也形塑空間的視覺焦點。

好收技巧 為了讓不同尺寸的書都能收納完善,交錯運用不同高低的櫃格,即便高度較低,也能橫放書本,展現多變的收納方式。

臥榻可收也能坐著看書。

超整齊

Case 07
MUJI 日式收納法

屋主需求　希望有個能讓孩子閱讀與玩樂的空間。

格局分析　拆除原本封閉的書房牆面,讓公共空間可以擁有令人羨慕的明亮日光。

櫃體規劃　以現有收納盒回溯打造櫃體,不僅更為實用,也能隨時變化使用方式。

好收技巧　延牆邊設計的臥榻深度約 45 公分,平時不僅可和孩子在此閱讀,下方還設置拉抽,可以培養幼童的收納習慣。

好拿取

Case 08
充滿互動樂趣的陽光書屋

屋主需求　想要有孩子玩耍的遊戲室以及客房。

格局分析　63 坪的上、下兩層住宅,原本即有一座天井,但格局配置影響客廳及餐廚的採光,日光也無法深入地下室,讓臥室顯得相當幽暗。

櫃體規劃　利用地下室的長廊規劃整排書櫃,書櫃左右兩側門片內藏衣櫃,提供多功能起居室作為客房時的使用。一邊通往主臥與長輩房,多功能空間 多一個空間睡覺。

好收技巧　書櫃最底層也是採用開放式設計,方便小朋友自行拿取書本,多功能起居室些微架高,鄰近廊道的部分具有抽屜收納機能。

起居室一側的踏階,也兼具收納機能,同時也能完全收起來。

書櫃後方是電視牆。

圖片提供 © 相即設計

二合一　**Case 09**
用櫃體界定空間屬性

屋主需求　放大公共空間，並讓綠意延伸入室內。

格局分析　空間本身的光線與戶外景致宜人，設計師期望讓屋主在各個場域中，抬頭便能見景。

櫃體規劃　用石材包覆出具厚度的櫃體，並從天花實體向下延伸，但在連接地面處卻挖空，前面成為客廳用的電視牆，後面成為實體書櫃。透過視覺錯層，界定了客廳與書房，也讓整體視覺性變高。

好收技巧　透過天花到地面的不同收納方式，讓屋主能自由展示收納蒐藏與書籍。

多機能　**Case 10**
利用起居整合書房、視聽需求

屋主需求　保有主臥室的寬敞舒適，但閱讀辦公與電視通通都要有。

格局分析　此間主臥室的縱身有 4 至 5 米長，要讓屋主躺在床上能看到電視，傳統作法就必須特別長出一道電視牆，但如此就會切割空間寬度。

櫃體規劃　閱讀區域後方以木作設計一道櫃體，灰鏡落於此往左右延伸，而在靠近窗邊的左方，藏著一台大電視，只要輕輕一拉，就能將電視轉出並又在適當的觀賞距離。

好收技巧　除了電視藏在櫃體外，灰鏡之下的櫃體除了展示功能，也有完整的收納功能，徹底滿足主臥室的各項機能需求。

電視可隱藏在櫃體內。

圖片提供 © 相即設計

column

書櫃尺寸細節全在這

|提示 1|

板材加厚解決書架變形的問題

為了避免書架的層板變形，建議木材厚度加厚，大約 4 ～ 4.5 公分，甚至可以到 6 公分，不容易變形，視覺上也能營造厚實感。

|提示 2|

書籍總類影響層板高度

收放雜誌的書櫃層板高度必須超過 32 公分，但如只有一般書籍則可做小一點的格層，但深度最好超過 30 公分才能適用於較寬的外文書或是教科書，格層寬度避免太寬導致書籍重量壓壞層板。

|提示 3|

橫寬過長時需要增強支撐結構

一般裝修時使用在書架層板的木芯板板材，厚度大約在 2 公分左右，橫寬則控制在 80 ～ 100 公分為佳，超過 100 公分時，即應適當的增加板材厚度或增強結構，大約每 30 ～ 40 公分就要設置一個支撐架，或乾脆使用鐵板為層板材質，就能避免這種情況發生。

|提示 4|

層板 15 公分深，保持走道舒適

若想在走道設置書架，需考量書架深度是否會佔據空間，導致行走不便。以最小寬度的走道 75 公分來計算，架設書架層板建議 15 公分深較佳。因為走道寬度 75 公分扣除 15 公分的層架後，還有 60 公分可供行走才不會撞到書架。

|提示 5|

雙層書櫃前淺後深節省空間

書量較多的情況下，可以規劃雙層書櫃，或是利用高度將書櫃做到置頂。正常的雙層書櫃約 60 ～ 70 公分深，若想更節省空間可讓前後兩層書架的深度不一。前櫃深度約 15 公分，可收納小説或漫畫；後櫃深度保留 22 ～ 23 公分左右，整體加上背板厚度可縮小至 40 公分深，增加收納也不會佔據空間。

圖片提供 © 白金里居空間設計

Chapter

05

臥房

衣櫃基礎規劃多可分為衣物吊掛空間、折疊衣物和內衣褲等的收納區域，以及
行李箱、棉被、過季衣物等雜物擺放。如果是獨立式更衣間，可採開放式設計
便利拿取衣物，而在轉角 L 型區域則建議採 U 或 ㄇ 型的旋轉衣架，增加收納量
且還能避免開放式層板可能造成的凌亂感。

Part.1

臥房不夠大，衣服、包包、保養品 如何收得整齊？

+ 格局設計關鍵

畸零凹角變衣櫃又收電視

原來作為辦公室的空間，要轉換成居住使用，須重新規劃內部格局。夫妻倆和三個小孩共住一室，雖然此空間格局不方正又擁有許多惱人的大柱，設計師依然將劣勢轉為優勢，善用許多畸零空間作為收納用途，並藉由巧妙的格局規劃，讓空間處處是機能且動線無比流暢！

圖片提供 © 福研設計

Before

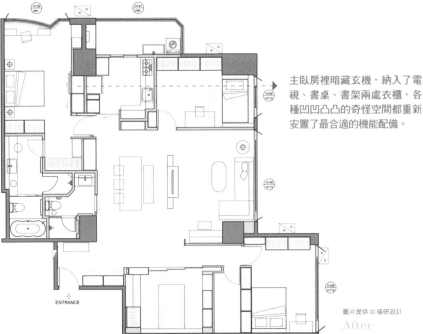

主臥房裡暗藏玄機，納入了電視、書桌、書架兩處衣櫃，各種凹凹凸凸的奇怪空間都重新安置了最合適的機能配備。

圖片提供 © 福研設計

After

＋ 尺寸設計關鍵

挪 10 公分讓電視嵌入櫃門內

屋主渴望在臥室加入電視機，設計師把電視機嵌入中間門片之中，在加厚門片後方的衣櫃桶身則悄悄地內縮了10公分，旁邊櫃體桶身維持在60公分左右，門片只有5公分；從外觀看起來，所有門片維持在同一平面，美觀且不突兀，但實際上內部的桶身較淺而門片較厚，卻也同樣保有十足的收納空間。

圖片提供 © 裕研設計

運用樑柱左側多出的畸零空間，設計了上方為書架層板、下方為櫃子的多元收納空間，整體視覺更加輕盈利落。

樑柱被包覆上與門片同樣的材質，一方面成為衣櫃的延伸，另一方面也使得具有電視的門片左右能相互對稱。

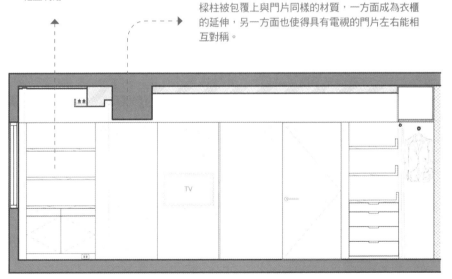

TV

圖片提供 © 福研設計

L 型及頂衣櫃創造豐富收納空間

僅有 10 坪的房子，扣除公共廳區，臥房還能有
大容量的衣櫃收納嗎？設計師利用毗鄰客廳的
空間規劃出半穿透的臥房格局，並運用挑高 3
米 6 的高度、加上以及頂衣櫃包覆下嵌式床舖
的作法，創造超大收納量。

圖片提供 ©FUGE 馥閣設計

Before

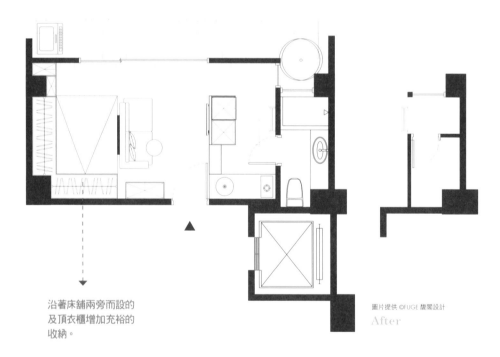

沿著床舖兩旁而設的
及頂衣櫃增加充裕的
收納。

圖片提供 ©FUGE 馥閣設計

After

142

＋ 尺寸設計關鍵

多元收納形式滿足衣物分類

櫃體的開闔也經過悉心考量，當人往後靠的時候，肩膀以上、大約 97 公分高才是門片開啟的位置，內側鏤空平台也可上掀往下收納，同時兼具床頭邊櫃的機能睡寢區的床舖特別採取下嵌設計，與一旁的廊道平台高度一致，而廊道平台為81 公分左右，當未來有新成員加入的時候，廊道就能直接放置床墊轉換為嬰兒床。

床頭後方以寬 76、高35 公分的抽屜加上 100公分的基本吊掛高度為設計，就能將衣物作適當的分類。

長邊衣櫃兼具多種形式的收納，最右側高 270公分高的衣櫃可收常大衣或是行李箱。

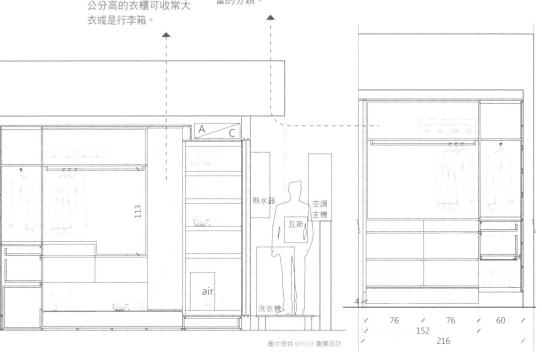

尺寸設計

格局設計

圖片提供 ©FUGE 馥閣設計

A　　C

113

熱水器

瓦斯

空調主機

air

洗衣機

圖片提供 ©FUGE 馥閣設計

76　　76　　60
152
216

143

衣櫃設計

圖片提供 © 森境 & 王俊宏室內裝修

側邊是層板可放
置傢飾品。

省空間

Case 01
三面櫃滿足多元功能需求

屋主需求 ▶ 考量女屋主擅長拼布藝術，除將之轉化為設計特質，
在機能與線條設計上也務求精巧。

格局分析 ▶ 不想讓格局因分給更衣間而變小，因此，以半開放設
計取代獨立更衣間，並藉床尾多功能三面櫃界定格局。

櫃體規劃 ▶ 主臥的三面櫃除了在床前是簡約電視牆，背後及側面
則具複合式收納與展示功能，同時界定出半開放更衣區。

好收技巧 ▶ 電視櫃背面規劃為衣櫃，方便取放常穿的衣物，而臨
窗邊則有層板櫃可整齊置放小物，為了避免壓迫感櫃高不觸及天
花板。

好分類

Case 02
矗立與重疊讓小宅裡也有充足衣櫃

屋主需求 ▶ 雖說是 1 ＋ 1 套房格局，但也希望有充足衣櫃擺放相關衣物。

格局分析 ▶ 空間屬於小坪數住宅，在有限空間下，選擇沿牆、天花板找空間，進而結合矗立、重疊手法，自床頭牆創造出衣櫃收納區。

櫃體規劃 ▶ 自床頭板創造出的衣櫃區，深度約 65 公分，另外旁邊也有一道高 2 米 4、深 65 公分的完整衣櫃，能滿足基本的衣物收納量。

好收技巧 ▶ 櫃體內部收納以吊桿、層板為主，上半部可懸掛外套、襯衫、裙、褲等，下半部可收納折疊的衣物。

圖片提供 © 睿豐空間規劃設計

65 公分深度滿足基本收納。

好能收

Case 03
大面衣櫃足以容納各樣式之衣物

拉門設計，不影響行走空間。

屋主需求 ▶ 希望有個偌大衣櫃，收納各樣式衣物。

格局分析 ▶ 臥房內沒有多餘空間，以沿著牆面、柱子來設計衣櫃，形塑出完整的更衣區塊。

櫃體規劃 ▶ 沿牆面而生的是一大面衣櫃，深度約 65 公分，內配置了吊桿式收納，相關衣物都能被吊掛收好；柱子旁則是在畸零處規劃了深度約 44 ～ 45 公分的展示型櫃體，可擺放一些毛巾及其他生活備品

好收技巧 ▶ 大面衣櫃門片以拉門為主，使用上不用擔心影響到行走空間，或是卡到床舖，收起時也能保持櫃體門片的完整性。

Case 04
升降衣櫃滿足小宅收納

屋主需求 ▶ 只有 9 坪大，還是需要二房格局，以及足夠的收納空間。

格局分析 ▶ 3 米 6 的挑高小宅，坪數有限。

櫃體規劃 ▶ 利用特殊研發的五金設備，在打禪區上方夾層打造升降衣櫃，增加豐富的收納機能。

好收技巧 ▶ 升降衣櫃透過遙控就能輕鬆調整高度。

圖片提供 © FUGE 馥閣設計

↓

特殊研發的五金讓櫃體可自動升降。

Case 05
水平連續線條創造梳妝、衣物收納

屋主需求 ▶ 期待能擁有如時尚服飾店般的收納。

格局分析 ▶ 坪數有限，加上並不想變更太多格局，因此將房門移至另一側，讓鄰近窗邊的完整牆面作為床頭。

櫃體規劃 ▶ 透過機能整合手法，以開放層架、吊衣桿的設計，創造更衣、梳妝機能。

好收技巧 ▶ 梳妝／書桌長 190 公分、吊衣桿長 180 公分的尺度打造開放式衣櫃機能，吊衣桿底下包含抽屜與層板的收納形式，吊衣桿上方也設計 30 公分高間距的層板，可搭配收納籃保持整齊樣貌。

圖片提供 © FUGE 馥閣設計

↓

天花板內藏有捲簾，可完全放下稍微遮擋凌亂感。

Case 06
雙層衣櫃容納一家三口衣服

吊桿上端設有燈光，
找衣服更方便。

軌道五金讓衣櫃移
動更順暢。

圖片提供 ◎ 力口建築

屋主需求 ▶ 一家三口的衣服樣式很多，長度也都不一樣，穿過的衣服也不想收進衣櫃裡。

格局分析 ▶ 15 坪的小套房，複合式的機能才能達到更大的使用效益。

櫃體規劃 ▶ 以能爭取更多一層收納空間的雙層衣櫃，運用軌道能前後移動。

好收技巧 ▶ 前後排的衣櫃設計可將男、女性衣服進行適當分類，搭配吊桿、置物格、抽屜的設計，滿足各種衣物的收納。

Case 07
拉門把衣櫃藏得漂亮

圖片提供 ◎ 瓦悅設計

層架還可拉出，
連側邊都能用。

屋主需求 ▶ 想要收納保養品的位置，也希望有個化妝桌。

格局分析 ▶ 空間坪數不大，收納須整合在一起，不然會妨礙走道。

櫃體會規劃 ▶ 以拉門包覆收納櫃，其中規劃了吊掛式、抽屜式、開放式等櫃體，提供豐富的置物需求。

好收技巧 ▶ 開放式櫃櫃適合拿來擺放包包，抽屜式則可放貼身衣物，吊掛式則可用來吊掛大衣，清楚分類拿取也便利。

白色櫃門清新明亮。

 (右上)

Case 08
櫃牆整合衣櫃與書籍收納

屋主需求 ▶ 雖然小孩年紀還小，但這間房子預計會住上 10 年，小孩房必須要有完整的衣櫃、書籍收納機能。

格局分析 ▶ 小孩房隔間牆略微往內縮，擴大公共廳區的寬敞尺度，並將房門改為拉門形式，爭取空間效益。

櫃體規劃 ▶ 沿既有 L 形結構順勢安排衣櫃機能，簡單俐落的白色橫拉櫃門與橘色系創造清爽又搶眼的視覺效果。

好收技巧 ▶ 鄰近入口處是運用浴室隔間做出的雙面櫃，可收納經常閱讀的書籍。右側造型吊櫃則是以收納書籍為主。右側造型吊櫃則是以收納書籍為主。

收更多

Case 09
加強機能與尺度提升收納量

屋主需求 ▶ 坪數僅 15 坪大，連帶臥房分配到坪數也有限，希望臥房內的收納量能充足，滿足使用需求。

格局分析 ▶ 主要分為臥舖和衣櫃兩區，所幸在衣櫃旁配置了將化妝桌，並特別加深尺度設計，讓上下方都能再增設其他層架、櫃體等。

櫃體規劃 ▶ 主臥中的化妝桌檯面深度加至 60 公分，無論檯面上還是檯面下，所多出來的空間就能再增設層架、櫃體等，讓空間中的每一寸空間都發揮收納作用。

好收技巧 ▶ 櫃體依需求使用抽屜、展示櫃、層板……等形式，不僅可以做到讓收納妥善分類，也能將櫃體內機能做到物盡其用。

桌面加深可增加層架利用。

15 公分櫃體可收保養品。

Case 10
精算空間既有收納櫃也有化妝檯

屋主需求 ▶ 希望臥房裡配置收納櫃外，還得擁有一個化妝檯。

格局分析 ▶ 臥房採光相當良好，櫃體、化妝檯設備配置盡量不影響光線為主。

櫃體規劃 ▶ 化妝檯側邊規劃了深度約 15 公分的櫃體，作為擺放化妝保養品之用；下方則為開放式的收納櫃，可擺放書籍或 3C 產品等。

好收技巧 ▶ 預想到屋主睡前時可能會閱讀、使用手機，相關收納櫃便配置在下方，就算躺著伸個手就能將物品擺好。

多機能

Case 11
梳妝檯內藏於櫃體，巧用拉門隱蔽

梳妝檯藏在內。

屋主需求 ▶ 女主人有使用梳妝檯的習慣。

格局分析 ▶ 主臥坪數較小的情況下，將櫃體沿牆設置，留出方正格局。

櫃體規劃 ▶ 梳妝檯採用嵌入衣櫃的設計，不僅可避開畸零空間的產生，運用霧面拉門隨時隱藏，也能避免鏡面正對床的禁忌。床頭上方設置櫃體避免壓樑問題，同時也能擴充收納。

好收技巧 ▶ 床頭櫃體與樑齊平，深度較淺，約在 30 ～ 40 公分左右，收納較不常用的物品。為了避免地震搖晃而物品掉落的情形，櫃體使用特殊門釦，有效穩固門片。

Part.2

就是想要一間獨立的更衣室，
把衣服、包包集中收納

+ 格局設計關鍵

功能上下區分更好用

將原本做滿的夾層拆除，僅留下主臥的夾層
設計，並以具穿透效果的玻璃材質取代實牆，
弱化實牆壓迫感，由於屋主夫妻有大量衣物
收納需求，主臥單純做為睡眠使用，主要收
納機能則挪移至主臥夾層下方，並藉由打造
出收納容量強大的更衣室來滿足屋主需求。

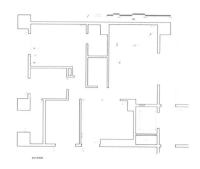

圖片提供 © 明樓設計
Before

圖片提供 © 明樓設計
After

將梳妝台一併規劃在更衣室裡，讓
屋主可以從挑選衣服、包包到化
妝，全在一個空間完成。

✚ 尺寸設計關鍵

根據空間功能分配屋高

挑高有 3 米 6，考量單純只有睡眠用途的主臥不需太高，因此主臥高度約 1 米 4，需要站立的更衣室，則享有約 185 公分的高度，更衣室櫃體若全部做滿容易有壓迫感，因此櫃體規劃為上方吊掛下方則是抽屜，頂天開放高櫃，則是用來收納使用性頻繁的包包。

✚ 格局設計

✚ 尺寸設計

圖片提供 © 明樓設計

抽屜櫃呼應玄關鞋櫃，以斜邊開孔做為把手設計，型塑櫃體簡約俐落造型。

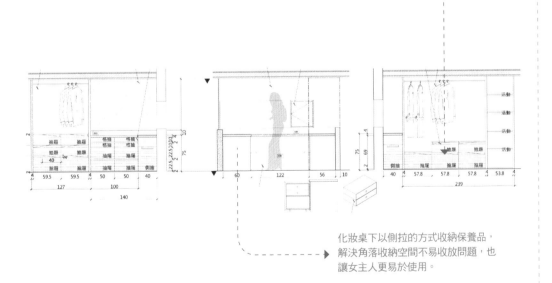

化妝桌下以側拉的方式收納保養品，解決角落收納空間不易收放問題，也讓女主人更易於使用。

善用挑高變出迷你更衣間

22 坪的房子又必須配置二房使用,可以想見臥房的坪數實在有限,不過幸好空間擁有 3 米 2 的樓高條件,圍繞著廳區的臥房便利用高度的優勢,創造出更衣空間,不但大幅增加收納容量,加上採用格子玻璃門片,也化解了小空間的壓迫問題。

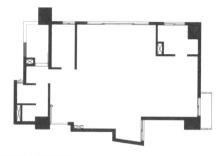

圖片提供 ◎ 甘納空間設計
Before

畸零柱體角落規劃為櫃牆式
設計,增加臥房的收納。

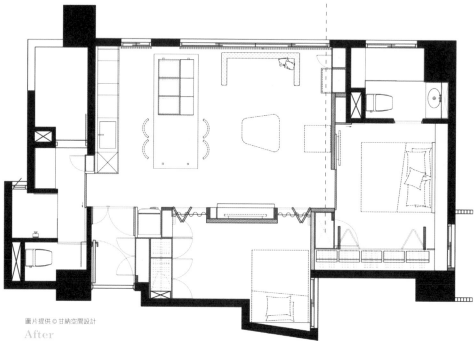

圖片提供 ◎ 甘納空間設計
After

妥善拿捏距離尺度，連行李箱也能收

近 3 米寬的衣櫃採用鐵件骨架創造出
三層的懸掛機能，最底層高度分別包含
120、105、145 公分的設定，除了可懸
掛長大衣、外套、洋裝等等，也能直接
將行李箱推入收納，鐵件上方的層板高
度間距則是 52、85、90、105 公分，
可擺放摺疊衣物之外，也能懸掛易皺、
較短的上衣或裙子。

圖片提供 © 甘納空間設計

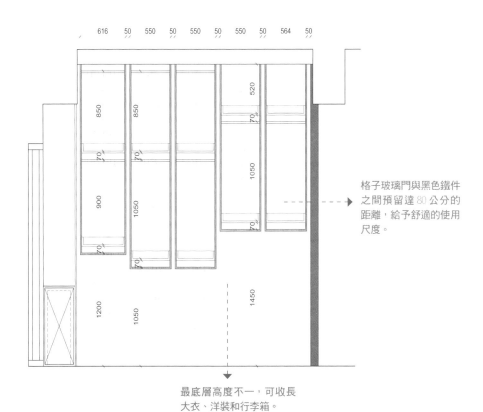

616　50　550　50　550　50　550　50　564　50

850　850　520

70　70　70

900　1050　1050

70　70　70

1200　1050　1450

格子玻璃門與黑色鐵件
之間預留達 80 公分的
距離，給予舒適的使用
尺度。

最底層高度不一，可收長
大衣、洋裝和行李箱。

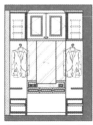

2-15/2F 主臥更衣室剖立圖 scale 1/40

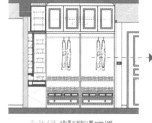

2-16/2F 主臥更衣室剖立圖 scale 1/40

考量到女屋主擁有許多長洋裝,不設上下雙衣桿,而改為單一衣杆,讓長洋裝的裙襬再也不用委屈受擠壓。

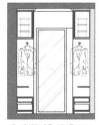

2-17/2F 主臥更衣室剖立圖 scale 1/40

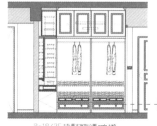

2-18/2F 主臥更衣室剖立圖 scale 1/40

圖片提供 © 福研設計

衣櫃上方為封閉式櫃體;中段為開放式收納空間,同時搭配層板靈活運用;底端設置了寬、窄兩種不同尺寸的抽屜。

＋ 尺寸設計關鍵

跟衣櫃借 2 公分更衣室變好寬

進了主臥室後,穿過結合全身鏡的推拉門,即是一間小而巧的更衣室,雙側頂天立地的衣櫃設計,中段為開放式吊衣空間,比一般衣櫃深度少了兩公分,卻為此更衣走道爭取更寬敞的空間,也方便女屋主取用衣物。在對側通往臥房區域的走道上,也對稱地設計了內含層板的薄型衣櫃(深度為 40 公分和 55 公分),採推拉門板節約空間。

尺寸設計

格局設計

圖片提供 © 福研設計

╋ 格局設計關鍵

無用走道變身時尚伸展台

透天老公寓因屋形狹長，採光不佳，格局也不符合屋主一家五口的使用。設計師將公共區域規劃在頂樓，使其享受最佳視野；二樓規劃為私密的休憩空間，包括三間孩子的臥房、兩間衛浴，以及一間機能完備的主臥室，不僅內含淋浴、浴缸和雙面盆的豪華衛浴，更善用長形走道區域，創造出優雅又實用的更衣室。

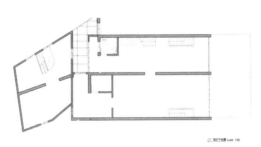

2F 隔間平面圖 scale 1/80

主臥室被分割成，靠窗的臥房區、長形的衛浴空間，以及一間迷你更衣室，和具有雙邊收納櫃的時尚走道。

圖片提供 © 福研設計

Before

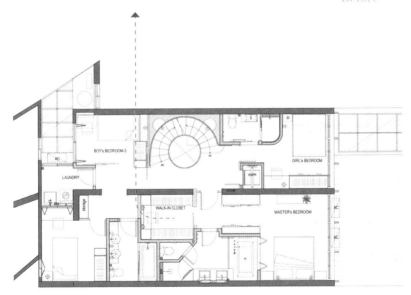

圖片提供 © 福研設計

After

155

霧面玻璃隔間可透光。

更衣間設計

圖片提供 © 森境 & 王俊宏室內裝修

超能收

Case 01
畸零區化身更衣間

屋主需求 ▶ 對屋主而言，臥室不只要有舒適臥床，還要有大量衣物收納及完備的閱讀工作區。

格局分析 ▶ 由於空間不大，因此，先將臨窗畸零區規劃為更衣間，再利用後方定位為工作電腦區，並避開床尾的大樑。

櫃體規劃 ▶ 床頭後方電腦工作區空間雖不大，但透過床頭與書桌共用的框架燈櫃可界定雙區，並滿足二邊的照明與收納等機能。

好收技巧 ▶ 側邊更衣間採用霧面玻璃摺疊門作隔間，可讓戶外的光源間接進入室內。

好順手 Case 02
推車收納瓶罐使用更便利

屋主需求 ▶ 希望梳妝與更衣空間能結合在一起。

格局分析 ▶ 原本主臥房空間就有條件可規劃更衣室，但同時還要讓更衣室的採光能透進睡寢區內。

櫃體規劃 ▶ 沿著牆面規劃ㄥ型衣櫃，臨窗面則是ㄇ字型桌面結合梳妝檯的功能，白天時光線仍可漫射至主臥。

好收技巧 ▶ 桌面側邊配有可完整推拉出來的保養、彩妝收納小推車，便於使用各式瓶瓶罐罐。

圖片提供©日作空間設計

掛衣架可暫時放置隔天繼續穿著的衣物。

圖片提供©法蘭德室內設計

抽屜和層板收納，可以更整齊。

超實用 Case 03
高櫃＋矮櫃物盡其用

屋主需求 ▶ 男女主人衣物不少，希望有一個完整空間收納衣服。

格局分析 ▶ 臥房內有多餘空間，可沿牆與窗邊來設計更衣區。

櫃體規劃 ▶ 高櫃採開放式設計、矮櫃則是封閉式，再將各種收納方式融入，讓衣櫃機能滿滿。

好收技巧 ▶ 高櫃內配置吊掛與收納籃，矮櫃則是抽屜與層板，可隨衣物屬性選擇適合的收納，將櫃體機

圖片提供 © 明樓設計

▽

| 好分類 | **Case 04**
專屬客製的好用收納 |

屋主需求 ▶ 有大量的收納衣物需求。

格局分析 ▶ 收納櫃左右分配,製造男女主人不重疊,行走順暢的動線。

櫃體規劃 ▶ 更衣室主要收納男、女主人衣物,因此收納空間以一人一邊做安排,方便配合各自的衣物類型,安排吊衣、拉欄、抽屜等收納櫃的型式與數量。

好收技巧 ▶ 收納櫃一律不再加裝門片,方便屋主挑選衣服,至於內衣等貼身衣物,則收在隱私性高的抽屜。

圖片提供 © 明樓設計

不裝門片方便拿取衣物。 ◀ - - - - -

鏡子後方藏有收納櫃。

Case 05
床頭隔牆巧妙劃設更衣、梳妝空間

屋主需求 ▶ 想要有大衣櫃以及可收納保養彩妝等瓶瓶罐罐的梳妝桌機能。

格局分析 ▶ 臥房坪數還算充裕，但必須思考機能配置是否會擋住光線。

櫃體規劃 ▶ 相較一般直接規劃更衣間的作法，此處利用床頭後方隔牆的設計創造出半開放更衣間，加上可獲取充足光線的化裝桌，以及一側沿牆而設的大面衣櫃。

好收技巧 ▶ 除了有吊桿、抽屜的收納方式，在可移動鏡子後方也預留可放置現成收納櫃的空間。

圖片提供 © 臼作空間設計

Case 06
宛如精品店的美型收納計劃

屋主需求 ▶ 擁有大量包包、衣服與珠寶首飾，更衣室需具備因應各種不同物品的收納空間。

格局分析 ▶ 更衣室雖有足夠的空間，但若要滿足所有收納，過多收納櫃可能會讓空間變得狹隘。

櫃體規劃 ▶ 男女屋主有大量包包、衣服與精品收納需求，因此採用中島櫃、層板，解決包包與精品的收納，需吊掛的衣物，則以格柵結合鋼鎖設計，打造具穿透感的吊衣櫃，減少封閉增加開放感受。

好收技巧 ▶ 中島櫃最上層採用玻璃材質，方便屋主取用，同時也有展示作用。

圖片提供 © 界陽&大司室內設計

玻璃中島具有展示功能。

多元收納構件,方便幫
衣物分類。

圖片提供 © 雲司國際設計

Case 07
9 坪也能有精品更衣室

屋主需求 ▶ 希望擁有書房、臥室與更衣室,並期望每個空間都能獨立。

格局分析 ▶ 開放的主臥房與書房、廚房區,接續廚房檯面,且讓大面書桌延伸轉折形構斜切樣貌,不僅區隔動線,也呼應牆面斜角語彙,創造豐富的線條感。

櫃體規劃 ▶ 主要收納集中於更衣室內的系統櫃中,物品集中於此管裡反而能少去箱箱櫃櫃,釋放更多生活空間。

好收技巧 ▶ 更衣室內善用系統櫃多元的收納構件,整合抽屜、吊衣桿、領帶格抽等能夠迅速將衣物分類就定位。

Case 08
兩排櫃牆區分吊掛、摺疊衣物

屋主需求 ▶ 需要收納量強大且便於選配服飾的更衣間。

格局分析 ▶ 利用床頭後方的配置隔間櫃牆與落地櫃,隔出一個更衣室。

櫃體規劃 ▶ 櫃牆底部兩排抽屜收納摺疊的衣服。靠牆處則配置開放式衣櫃,上下吊桿可懸掛外套與裙、褲。

好收技巧 ▶ 吊桿以鍍鈦金屬板凹折成ㄇ字型,凹槽內藏 LED 燈為衣提供充裕的柔和光源,挑選衣服時更輕鬆。

不便摺疊者放在
開放吊櫃。

圖片提供 © 奇逸空間設計

底端的抽屜收納可
摺疊衣服。

滑門設計省空間。

多機能

Case 09
以顏色劃分收納功能

屋主需求 ▶ 滿足更衣室收納需求，並需規劃出化妝區域。

格局分析 ▶ 空間不足，但需滿足多種機能。

櫃體規劃 ▶ 以黑白兩色做出收納區隔，白色抽屜櫃靠牆安排，由高至低配合上半部吊掛區衣物的長度，黑色開放櫃則是用來收納包包，一目瞭然方便屋主取用進行穿搭。

好收技巧 ▶ 門片採用滑門設計，方便滑動又能減少門片開闔空間。

省空間

Case 10
從客廳「挖」一間更衣室

屋主需求 ▶ 老屋翻新，屋主願意捨棄主衛浴，換一間擁有更衣室的寬敞主臥室。

格局分析 ▶ 格局重新配置，主臥室向公共領域借用部分空間作為內部的更衣室。

櫃體規劃 ▶ 決定公共區域的衛浴大小後，剩餘空間讓給主臥，規劃一迷你更衣室，深度只要有 1 米 4 就能運用自如。

好收技巧 ▶ 更衣室搭配拉門不擔心灰塵，設櫃深 60 公分的開放式衣架，系統櫃層板可依需求調整，走道 80 公分深方便回身。

80 公分走道可輕鬆回身。

主要區分吊掛區、
抽屜兩種形式。

Case 11
動線流暢可放大空間感的更衣間

屋主需求 ▸ 希望能有完整的空間能收納衣物。

格局分析 ▸ 原有主臥的坪數較難以規劃更衣室,將主浴稍微縮小,並讓洗手檯移出與更衣間作結合。

櫃體規劃 ▸ 睡寢區域與更衣間、洗手檯以一道矮牆作出界定,矮牆側邊依序接著整面衣櫃收納,動線更流暢也具有開放延伸的視野。

好收技巧 ▸ 洗手檯兼具梳妝功能,右側檯面刻意內縮設計,可直接將使用頻率最高的保養品收放於此,上方櫃體包含吊衣桿、活動層板,亦可依據需求彈性調整。

圖片提供 © 相即設計

收納櫃加滾輪好移動。

超激量

Case 12
用對材質，衣帽間也能大兩倍

屋主需求 ▶ 實用型的衣帽間，並讓屋主收納取用更方便。

格局分析 ▶ 較為窄小的空間，要設定為衣帽間，也要考量收納取用方便，設計師用鏡面對應讓空間看起來兩倍大。

櫃體規劃 ▶ 吊衣櫃以開放式橫桿、並作了簡易的照明，以及下方的物件收納櫃，讓屋主能輕鬆看清楚自己的衣物並作選擇。

好收技巧 ▶ 正因為衣帽間較為狹長，設計師在下方的物件收納櫃上加上的滾輪，方便屋主輕易的退出衣帽間到臥室，進行整理與選用。

省空間

Case 13
善用空間在臥房旁規劃一處更衣間

屋主需求 ▶ 本身有衣物收納需求，希望能有不一樣的收納設計，分類各種衣服。

格局分析 ▶ 臥房內臥舖旁配置一處更衣間，利用穿透彈性拉門做區隔，不用擔心開關門時影響了走道。

櫃體規劃 ▶ 由於更衣間坪數不大，在有限環境下規劃了包含4桶身的更衣區，每一桶身面寬約90公分、深度約55公分，除了各式季節的衣物，就連棉被等物品也能被擺放。

好收技巧 ▶ 每一桶身的衣櫃裡，搭配了吊桿、抽屜等設計，滿足各種衣物的收納，就算大衣、one-piece洋裝等也有足夠的空間擺放。

多種形式收納滿足不同衣物。

圖片提供 © 希室空間設計

圖片提供 ◎ 相即設計

鏤空讓光線穿透。

Case 14
床頭背板整合衣帽間

屋主需求 ▶ 是小孩房但也希望要有更衣間。

格局分析 ▶ 單面開窗的男孩房,設計師以簡約的大地色系作為男孩房的主色調,床頭後方設定為衣帽間和男孩蒐藏展示區。

櫃體規劃 ▶ 以床頭背板作為衣帽間的開始,刻意的鏤空讓光線自然引入,也強調出空間的自然感。

好收技巧 ▶ 只要轉個身到後方就擁有屬於自己的衣帽區和蒐藏玩具車的展示區,而走到底左轉為衛浴空間,動線流暢無阻礙。

超空間

Case 15
利用過道,再小的臥房都能有衣帽間

屋主需求 ▶ 由於臥室空間不大,但又希望有質感好的衣帽間。

格局分析 ▶ 長型的臥室空間,廊道上的右方為衛浴空間。

櫃體規劃 ▶ 用布幔與玻璃,以及與地面相稱的木皮打造一面收納衣帽櫃體,衛浴空間的牆面以玻璃布幔來強調出廊道質感。

好收技巧 ▶ 簡易的掛衣桿和大抽屜,在使用時轉身面對玻璃就可以當鏡面使用。

圖片提供 ◎ 白金里居空間設計

玻璃隔間兼具
穿衣鏡功能。

超能收

Case 16 獨立更衣室各式季節衣物都能收

抽屜適合抽那襪子、貼身衣物。

圖片提供© 浩室空間設計

屋主需求 ▸ 希望衣物收納空間與數量均能大一些，也要將燙衣機能一併配置。

格局分析 ▸ 由於坪數寬敞，便配置出一間獨立更衣室。

櫃體規劃 ▸ 獨立更衣室的中間，配置了一座獨立櫃體，櫃體的左右兩側內各有 10 層的收納抽屜；再以獨立櫃為中心往四周延伸，為不同高度的吊掛式收納設計。

好收技巧 ▸ 中間抽屜式收納，可擺放一些襪子、貼身衣物等，至於四周吊掛部分，則可用來掛不同季節、類型等衣物。

好分類

Case 17 開放的 L 型更衣室，隨手收納更方便。

下層用抽拉更好用。

圖片提供© 寧登雅舍室內設計

屋主需求 ▸ 十分注重家中整潔的屋主，希望將所有收納做得非常完美，才能讓物品各有所歸。

格局分析 ▸ 沿著主臥樑下的畸零空間劃出 L 型的更衣室，也讓主臥變得方正。

櫃體規劃 ▸ 規劃置頂收納，一點都不浪費空間，依照伸手可及的位置分別設計吊衣桿和拉籃。

好收技巧 ▸ 無門片的設計一目了然，不易拿取的櫃體下層，選用拉籃方便抽拉，並分層收納，衣物更容易歸類。

column

衣櫃 & 更衣間尺寸細節全在這

|提示 1 |

系統板材尺寸應選 60 公分

　　化妝檯、衣櫃若採用全系統櫃處理可省下不少預算、並縮短工期，更能滿足大部分收納需求。需注意的是系統板材是否足夠堅固，若一般木作層板為 80 公分，系統板材則建議做 60 公分，避免過度載重而變型。

|提示 2 |

化妝檯面設計 15 公分小凹槽更好拿取

　　作為女性梳化一天妝容最重要的場所，為了配合其使用高度並照出使用者的上半身，鏡面通常只會設計在離地 85 公分上下而已。面對高矮不一的化妝品，強制設定一個收納高度反而不好使用，不妨在化妝檯面設計一個高度 15 ～ 20 公分的小凹槽，就能一次解決各類高矮化妝品的收納需求了。

|提示 3 |

床頭櫃寬 30 ～ 40 公分收棉被最好用

　　一般床頭櫃最好使用的寬度約 30 ～ 40 公分，而高度會需要配合床墊、床頭櫃、化妝檯高度，通常會有 60 ～ 70 公分，除了上掀方式，正面開啟可已降低高低差，拿取更方便。

|提示 4 |

吊桿高度約在 190 ～ 200 公分左右

　　就現代衣櫃最常見的 240 公分而言，若非特別需求，多以吊桿不超過 190 ～ 200 公分為原則，上層的剩餘空間多用於雜物收納使用，而下層空間，則視情況採取抽屜或拉籃的設計，方便拿取低處物品。並且考慮層板耐重性，每片層板跨距則以不超過 90 ～ 120 公分為標準。

|提示 5 |

衣櫃深度為 60 ～ 70 公分左右

　　衣櫃的深度至少需 58 公分，再加上門片本身的厚度約 2 ～ 3 公分，開門式衣櫃的總深度為 60 公分、拉門式衣櫃的總深度為 65 ～ 70 公分（因為拉門多了一道門片厚度）。而在省略門片，強調開放式設計的更衣室中，則只要做到 55 公分的深度就好。

|提示 6 |

不同抽屜高度分類貼身衣物與毛衣

　　衣櫃下層常用的抽屜規劃，除了拉籃已有既定尺寸外，一般還是可以配合使用者的需求來做高度設計，常見約有 16 公分、24 公分和 32 公分，分別適合收納內衣褲、T-shirt、冬裝或是毛衣等不同物件，變化性可說是相當高。

床頭櫃寬度約 160 ~ 190 **公分**

　　床頭後方的背櫃，則常是為了避免床頭壓樑的風水禁忌而設計的，也因此容易隨著樑柱厚度而改變櫃體深淺，最常見的尺寸有：寬 160 ~ 190 公分，高 90 ~ 100 公分。

|提示 **8** |

更衣室建議至少需 2.5 **坪**

　　若想保持空間的順暢且沒有壓迫的感覺，建議更衣室最少要留 1 ~ 1.5 坪的空間才夠用，因此換算回來，臥房至少要有 2.5 ~ 3 坪才能隔出一間更衣室。

圖片提供 © 甘納空間設計

浴室

浴室的瓶罐收納設計，以層架最利於拿取，也可以分隔層架收納，當做是裝飾的單品陳列。如果不想曝露在外，建議將浴室洗手台鏡子改為鏡櫃，才不會讓全部瓶罐堆在桌面及檯面顯得雜亂。另外衛生用品如衛生紙，可整合於靠近馬桶的浴櫃或牆面中，但若選擇嵌入於牆面的設計，要特別留意收邊和材質，才能使埋於牆面中的嵌入式設計，達到美觀又好用的功能。

Part.1

浴室有夠小，檯面好亂沒得放！

+ 格局設計關鍵

將原本的缺角處轉化成收納的一種

採取乾濕分離設計的衛浴間，在淋浴處原本有一處缺角，經過部分填補後，留下部分成為收納的一種，可用來擺放盥洗用的沐浴用品；至於洗手檯處，則是依據洗手檯寬度與深度，衍生出其他形式的衛浴櫃，作為擺放毛巾、衛生備品等置物區。

圖片提供 © 浩室空間設計

Before

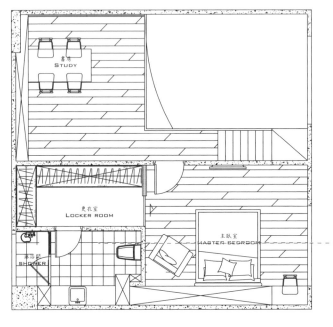

針對衛浴間裡不同區域規劃出適合的收納設計，既能對抗環境中潮濕情況，也將原本的缺角做了最有效的運用。

圖片提供 © 浩室空間設計

After

＋ 尺寸設計關鍵

收納設計深度約 40 ～ 55 公分
滿足不同置物

淋浴區內的展示櫃與牆面整合為一，但深度仍有 40 公分左右，可以收放沐浴、洗髮用等物品；洗手檯區的浴櫃深度約 55 公分，中間為門片形式、兩側則是開放形式，櫃體採不落地設計，便於日後清理。

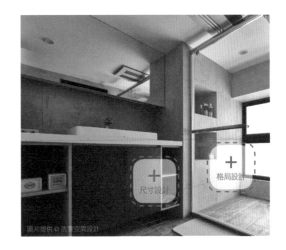

圖片提供 © 浩室空間設計

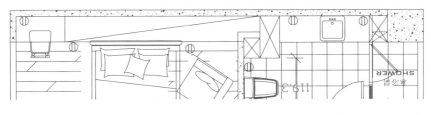

內凹形式的展示櫃，內深約 40 公分，由於面材具耐潮性，保養上相當方便。

系統櫃:自然灰橡木H1150

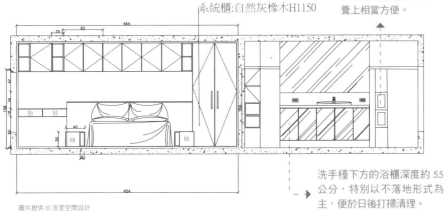

圖片提供 © 浩室空間設計

洗手檯下方的浴櫃深度約 55 公分，特別以不落地形式為主，便於日後打掃清理。

✚ 格局設計關鍵

修整無用走道，擴大浴室機能

22 坪的小住宅原本隔間被切割得過於瑣碎，而且產生許多浪費的走道，雖然有兩間衛浴，但空間狹小難以使用，在屋主期盼保留雙衛浴、以及希望回家能享受泡澡紓壓的情況下，設計師將原兩衛浴合併整頓成主臥浴室，使其擁有完善的乾濕分離配置，淋浴、泡澡兩者皆備，並將零碎的走道重新規劃為客浴。

透過原本兩套衛浴空間的整合，加上房門的變更，放大主浴的坪數與機能。

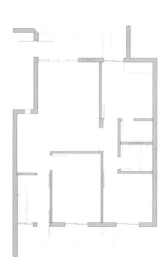

圖片提供 ◎ 賣適空間設計
Before

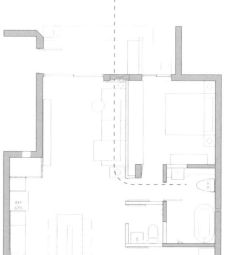

圖片提供 ◎ 賣適空間設計
After

✚ 尺寸設計關鍵

半嵌面盆＋斜切設計，爭取舒適尺度

衛浴經過放大之後，利用長 194 公分的牆面施作整合梳妝功能的洗手檯面，並特別選用半嵌式面盆，讓檯面深度可控制在 40 公分左右，爭取舒適的空間尺度，檯面刻意的斜切，也是避免壓縮與馬桶之間的距離，同時搭配開放式層架、懸空設計，讓空間有輕盈放大的效果。

圖片提供 © 實適空間設計

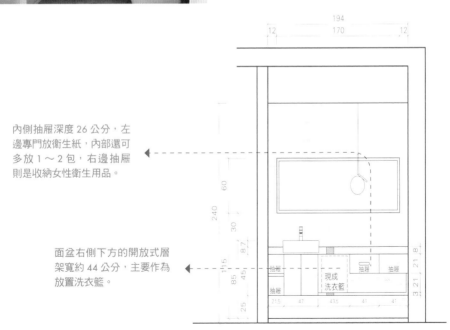

內側抽屜深度 26 公分，左邊專門放衛生紙，內部還可多放 1～2 包，右邊抽屜則是收納女性衛生用品。

面盆右側下方的開放式層架寬約 44 公分，主要作為放置洗衣籃。

圖片提供 © 實適空間設計

退縮隔間擴大主浴空間

4 房 2 廳的 30 餘坪住宅，原主臥衛浴空間狹
小，設備之間的動線相當侷促、擁擠，然而屋
主卻渴望享有泡澡機能，在家就能獲得紓壓。
於是設計師將主臥隔間稍微退縮，順勢拉大衛
浴的空間，創造出四件式的完善配置，且變更
為拉門形式、局部隔間選用長虹玻璃，對主臥
來說更省空間也有放大的效果。

圖片提供 ◎ 實適空間設計
Before

利用隔間的位移擴增主
臥的坪數，創造淋浴、
泡澡兼具的舒適機能。

圖片提供 ◎ 實適空間設計
After

✛ 尺寸設計關鍵

懸吊、整合手法賦予豐富收納

由於浴室隔間局部採用透光不透視的長虹玻璃，基本的浴櫃收納機能便利用鐵件懸吊天花板的手法，規劃出寬 65、高 60 公分的吊櫃，吊櫃不僅有開放式層架收納，鏡面後方亦是豐富的儲物鏡櫃。有趣的是，為了賦予馬桶倚靠所衍生的牆面，也巧妙發展出毛巾架、收納架。

圖片提供 © 實適空間設計

✛ 尺寸設計

✛ 格局設計

圖片提供 © 實適空間設計

作為馬桶倚靠的 85 公分高牆面，上端以鐵件規劃出毛巾架、最下層也能擺放書本。

懸掛鏡子也是鏡櫃功能，加上右側的開放層架，將瓶瓶罐罐收得乾淨俐落。

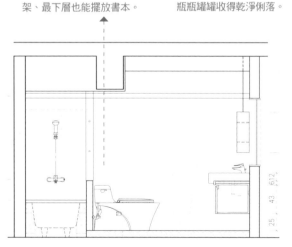

圖片提供 © 實適空間設計

圖片提供 © 實適空間設計

浴櫃設計

超寬敞

Case 01
反射材質放大空間，弱化櫃體存在感

屋主需求 ＞ 衛浴空間雖然不大，但基本收納需求不能少。

格局分析 ＞ 空間不大，若櫃體做滿，會顯得過於擁擠。

櫃體規劃 ＞ 以深色為主的衛浴空間，選擇在櫃體表面貼覆鏡面材質，藉由反射效果效大空間，下櫃並在接浴缸門口處採斜切設計，藉此拉大出口處，化解出入的侷促感；至於看似貼在牆上的鏡子，也是擁有強大收納量的收納櫃門片。

好收技巧 ＞ 下櫃懸空除了是為了避免濕氣，同時也方便清潔。

櫃子懸空避免濕氣。

圖片提供＠界陽＆大司室內設計

好順手

Case 02
平行門五金讓浴櫃更好開

屋主需求 不喜歡檯面放滿盥洗用品，看起來會太凌亂。

格局分析 格局方正的浴室，淋浴間外存在著凹字畸零結構。

櫃體規劃 順勢利用凹字空間施作浴櫃與洗手檯，並加大鏡櫃尺寸，增加瓶罐的收納。

好收技巧 最左側 60 公分寬的鏡櫃採用平行門五金，當人站在洗手檯前無需往後退就能開啟使用，且耐用性比鉸鍊來得更好。

圖片提供 © 日作空間設計

開放層架可收納
衛生用品。

最好拿

Case 03
櫃體側邊開放，抽取更方便

離地 20 公分不受潮。

屋主需求 需有空間收納衛浴用品及備品。

格局分析 空間不足，無法規劃太多收納空間。

櫃體規劃 利用剩餘的空間安排櫃體，並將櫃體切分成封閉式收納與側面的開放式收納，懸空設計可製造輕盈效果，同時避免濕氣損壞櫃體。

好收技巧 挪出約 12 ～ 14 公分寬度，轉向在櫃體側面設計成開放式收納，方便收納使用頻率較高的物品。

圖片提供 ©Z 軸設計

圖片提供 © 瓦悅設計

利用浴櫃後方深度安排
毛巾桿，使用更方便。

好放鬆

Case 04
檜木浴櫃散發自然芬多精

屋主需求 ▸ 講究實用性，希望浴室裡的每一個物品都有專屬的收納空間。

格局分析 ▸ 浴室僅有一扇對外窗，必須保留其採光與通風性。

櫃體規劃 ▸ 採用屋主母親最喜愛的檜木材質訂製鏡櫃、面盆下浴櫃，浴櫃門片線條傳達日式語彙，為避免遮擋採光，櫃體刻意往右設計。

好收技巧 ▸ 上方鏡櫃可收盥洗用品，使檯面能維持整齊，右側長型浴櫃下方空間則可放置垃圾桶。

超好收

Case 05
畸零角落創造玻璃層架

屋主需求 ▸ 浴室小物能輕鬆收納使用。

格局分析 ▸ 浴室與寢區使用磨砂拉門區隔，兼顧透光與隱私雙需求。

櫃體規劃 ▸ 鏡櫃尺寸加大，馬桶側邊的畸零角落也規劃為玻璃層架。

好收技巧 ▸ 洗面乳、牙膏、牙刷等小物皆可收於鏡櫃後方，沐浴乳、洗髮乳等可置放於玻璃層架上，遮擋凌亂感。

玻璃材質層架可避免
水氣潮濕的問題。

圖片提供 © 馥甸設計

超美型 **Case 06**
雙倍大鏡櫃滿足盥洗、梳妝功能

屋主需求 希望可以在浴室梳妝，避免一早出門打擾到另一半。

格局分析 原本浴室包含了淋浴、浴缸，但夫妻倆對泡澡的需求不高。

櫃體規劃 取消浴缸設備之後，將洗手檯整合梳妝功能，以 L 形檯面、轉角櫃打造而成，讓女主人可以舒適地完成妝容。

好收技巧 L 形轉折的兩面鏡櫃賦予了極高的收納量，右下的開放層板也能搭配收納籃擺放常用的毛巾、保養品等等。

兩面鏡櫃讓瓶瓶罐罐收得更整齊。

牙刷、牙膏藏在拉門後。

圖片提供◎奇逸設計

Case 07
克服小空間的收納設計

屋主需求 在空間不大的衛浴，盡量打造收納空間。

格局分析 偏向長型空間，為了動線順暢，較難安排適當收納。

櫃體規劃 將收納盡量往左右兩邊做規劃，左邊除了上面的鏡櫃，在洗手台下方以開放層架安排，專門收納常用的毛巾等物品，右方則在入口處規劃容量較大的櫃體，另外將不鏽鋼鈦金打造的長型雙面櫃嵌入牆面，讓兩邊空間都能使用。

好收技巧 薄型鏡櫃，右邊刻留出四個展示方格，專門擺放展示品，鏡面為橫拉門，可收牙刷、藥品等私人物品。

圖片提供◎奇逸設計

二合一　**Case 08**
浴櫃整合梳妝保養收納

屋主需求　喜歡找朋友來家裡聚會，周末會有多人使用客浴的情況，同時女主人也偏好站著化妝。

格局分析　臥室、衛浴等私領域安置於空間後段，前段大塊區域則留給公領域，並讓客浴洗手檯藏在書牆的後方。

櫃體規劃　利用面盆櫃上、櫃下空間做收納；鏡櫃可收納大量的盥洗與保養用品等等。

好收技巧　洗手檯尺度放寬至約 120 公分，右側留白的檯面就能先暫時放置保養、化妝用品。

開門式浴櫃主要收納清潔用品。

圖片提供 © 甘納空間設計

Case 09
不落地浴櫃跟潮濕發霉說拜拜

屋主需求 ▶ 個人保養品、洗澡時的衣物與毛巾等，有適合的擺放點同時不受潮濕干擾。

格局分析 ▶ 由於衛浴空間裡還得擺放浴缸，僅能就既有空間衍生出收納櫃體。

櫃體規劃 ▶ 以洗手檯為軸心，上方配置約 18 公分深的鏡櫃，便於擺放保養品，內加設了透氣五金也能將濕氣排除；下方利用層板、門片做了收納櫃，中間可收打掃衛浴的用品，兩側則可擺放洗澡時的衣物、毛巾等。

好收技巧 ▶ 下方兩側為開放式收納，利於洗澡時快速拿取毛巾擦身，且不落地設計也不用擔心櫃體會潮濕發霉。

開放收納快速拿取
毛巾。

Case 10
物品各有所歸，維持整潔檯面

屋主需求 ▶ 女主人習慣在浴室做完保養程序，必須有置放化妝品和保養的空間。

格局分析 ▶ 獨立拉出洗手檯，與更衣室通道齊平。檯面上方以玻璃區隔，採光得以深入衛浴。

櫃體規劃 ▶ 為了防止水潑濺到收納區，避免久了插座和美耐板材有所損壞。檯面刻意拉升約 8 公分，作為擋水之用，有效延長櫃體的使用壽命。

好收技巧 ▶ 右方的開放層架作為放置保養品的區域，下方則配置髒衣籃和拉籃，拉籃可放置漱口杯，物品各有所歸，避免檯面凌亂。

刻意拉高 8 公分可
以擋水。

圖片提供 ◎ 演拓空間室內設計

好拿取

Case 11
展示層架成為空間焦點

屋主需求 較少使用的客浴空間，只需儲備必須的衛生用品。

格局分析 維持原有格局不變動。

櫃體規劃 設置展示層架彰顯屋主個性，下方加上間接光源打亮形成焦點。同時鏡面配合層架深度順勢墊高，形成完整立面，讓視覺更為整齊。

好收技巧 為了避免起身時撞到層板，層板僅有 12 公分左右，可隨意放置出外紀念品或衛浴瓶罐。

12 公分深層板，避免起身時撞到。 ◄-----

圖片提供 © 演拓空間室內設計

拉籃下施作透氣孔，可揮發水氣。

空間設計 © 演拓空間室內設計 攝影 © 劉士誠

超能收

Case 12
巧用五金，讓物品整齊歸位

屋主需求 希望能把所有的衛浴用品都收納整齊。

格局分析 將衛浴隔間稍微外移，擴大主浴空間，讓坐輪椅的長者也能自由進出。

櫃體規劃 檯面下方除了設計收納衛浴備品的空間外，也另外設置髒衣籃，方便放置脫下的衣物。而上方則設計鏡櫃，九宮格的設計讓各種小物都能各歸其位。

好收技巧 選用廚房常見的拉籃設計作為浴櫃使用，可放置漱口杯和牙刷，檯面就能維持整潔。拉籃寬度建議在 15 ～ 20 公分，深度約在 58 ～ 60 公分，拉籃下方則建議施作透氣孔，加速水氣散逸。

Part.2

浴室不算小，可是想放髒衣籃、
衛浴備品更多收納，還要收得整齊

✚ 格局設計關鍵

寬檯面搭配浴櫃，收納機能
大升級

位於走道旁的公共衛浴間除了在門口有遇樑
的問題，空間格局算蠻大的，足以規劃乾濕
分離的淋浴間與雙面盆的大檯面，同時可利
用檯面下方與角落處設置浴櫃，而馬桶座區
則配置於大樑下方，讓空間高度的干擾問題
降至最低。

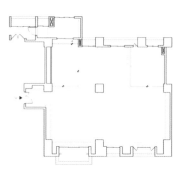

圖片提供 © 明代設計

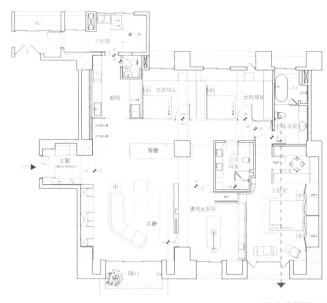

圖片提供 © 明代設計

考量大樑問題，先將較不受屋高影
響的馬桶與右側面盆規劃在近樑
處，避免淋浴區與浴室有壓迫感。

＋ 尺寸設計關鍵

230 公分大檯面展現
星級飯店格局

將 3.1 米的浴室面寬配置出 230 公分的雙面盆大檯面，下方則可規劃浴櫃，讓公共浴室可同時供雙人做洗臉、刷牙等漱洗工作，一旁還有吊燈來強化照明；而角落的高身櫃則可放置乾毛巾、衛生紙等物品，加上門櫃可收納衣物，分類污衣等，相當方便。

＋ 尺寸設計

＋ 格局設計

圖片提供 © 明代設計

角落 45 公分深的吊櫃，或檯面下 50 公分深的浴櫃均採懸空設計，以降低櫃體量感，也讓出更多地坪放大空間感。

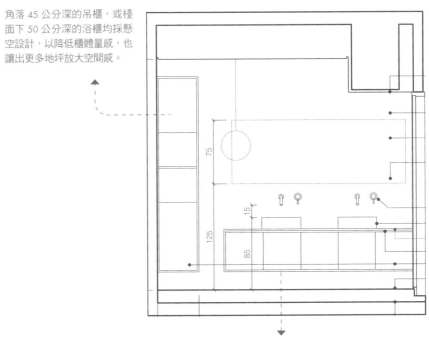

230 公分的雙面盆大檯面設計，提供雙人同時使用。

圖片提供 © 明代設計

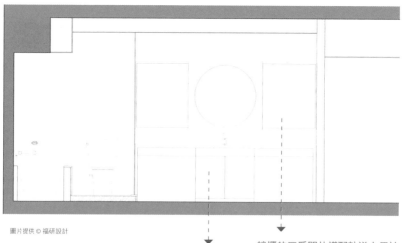

圖片提供 © 福研設計

浴櫃深度 60 公分，結合面盆作一
體性的設計，規劃 12 公分高的抽
屜，中間為管道位置，下側左右皆
鏤空，用來放椅子和髒衣籃。

鏡櫃的三扇門片搭配軌道方便拉
開始用，採用鏡面的材質創造出
反射視效，將不規則格局的衛浴
瞬間放大了！

＋ 尺寸設計關鍵

薄型鏡櫃 20 公分深就夠

利用衛浴牆面原有的凹槽處，設計了長
約 2 米 8、深度 20 公分的鏡櫃，內部以
層板隔開，方便擺放各種瓶瓶罐罐的保
養品和沐浴用品，具備完善的收納功能
之外，搭配下方浴櫃的鏤空設計，讓女
主人可在盥洗前後，坐在椅子上悠閒地
坐在鏡前卸妝或皮膚保養。

圖片提供 © 福研設計

+ 格局設計關鍵

蜿蜒切格局，打造高坪效衛浴

入門後，左側長條形區塊重新被分隔出公共區域使用的次衛浴、兼具淋浴和浴缸的豪華主衛浴，衣帽間以及內含閱讀區的主臥房。次衛浴的門為推拉門，極致的Z形格局裡讓洗手檯、馬桶和淋浴各據一方；後側的主衛浴同樣分割成三部分，功能可各別運用，既便利又不浪費空間。

入門後，將客浴、主衛浴和衣帽間「整併」在同一區，看似不規則的空間，卻因廁所與衛浴的巧妙分割，機能完備又好用。

圖片提供 © 福研設計

圖片提供 © 福研設計

浴櫃設計

活動拉籃方便分類。

圖片提供◎森境＆王俊宏室內裝修

好分類

Case 01
大檯面搭配活動拉籃更好用

屋主需求 崇尚自然的年輕家庭,希望衛浴間要有廣闊視野與寬適空間,同時要有完整收納區。

格局分析 邊間大開窗的無敵景色是整間浴室最大優勢,大而寬敞的格局則有助於機能規劃。

櫃體規劃 加大格局的主臥浴室,特別將檯面加長來配置面盆與鏡面,同時也創造更多桌面提升置物功能或使用區。

好收技巧 檯面下設計大量浴櫃來滿足收納需求,為了方便取放,採用活動式抽拉籃,也容易分門別類。

超耐用

Case 02
不鏽鋼浴櫃輕薄不怕濕

屋主需求 衛浴需兼顧舒適、實用與清新的風格。

格局分析 格局方正的衛浴間，以半牆、透明玻璃隔出乾溼分離。

櫃體規劃 左半側並以不鏽鋼打造層板，同材質並延伸至淋浴區化為橫架，可擺放各式沐浴用品。

好收技巧 高級不鏽鋼無畏溼氣，且能打造輕薄的量體。

圖片提供 © 奇逸設計

不鏽鋼橫向架子可擺放各式沐浴用品。

櫃體可收毛巾、各式備品。

圖片提供 © 奇逸設計

收最多

Case 03
與石材呼應的沉穩櫃設計

屋主需求 衛浴空間需具備基本收納需求。

格局分析 排除淋浴空間外，仍有足夠的空間可安排櫃體。

櫃體規劃 利用石材的轉折，打造出洗臉檯面，也藉此框出收納櫃的位置，接著針對收納便利，以對開門與抽屜規劃。

好收技巧 牆上的鏡子，大的圓形鏡面其實也是有收納功能的鏡櫃，刻意與鏡面採圓形設計，增添視覺美感。

Case 04
浴櫃整合梳妝保養收納

屋主需求 ▶ 坪數有限,希望能在浴室保養,以及需要容納洗衣機。

格局分析 ▶ 原本浴室的空間狹小,將臥房、浴室的入口動線調整過後,浴室變得更寬敞。

櫃體規劃 ▶ 浴櫃延伸放大整合梳化的功能,門後更配有毛巾、備品收納櫃。

好收技巧 ▶ 局部開放層架可收毛巾、保養等生活用品。

毛巾備品櫃在門後
有專屬收納櫃。

圖片提供©爾聲空間設計

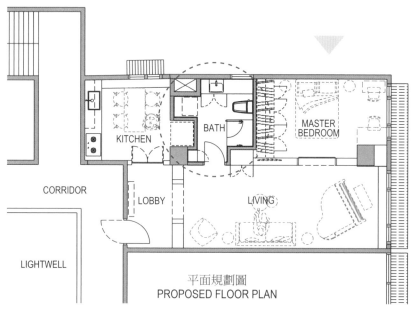

KITCHEN

BATH

MASTER BEDROOM

CORRIDOR

LOBBY

LIVING

LIGHTWELL

平面規劃圖
PROPOSED FLOOR PLAN

Case 05
櫃體、鏡櫃延伸容量增一倍

屋主需求 夫妻倆對於設計的接受度很廣,希望能擁有如飯店般質感的浴室。

格局分析 主臥衛浴空間寬敞,以迴字形動線安排淋浴、馬桶與泡澡浴缸,給予自在無拘束的使用模式。

櫃體規劃 過道檯面延伸入內成為雙洗手檯與梳妝檯,無形中也更延展開闊了空間尺度。

好收技巧 過道部分的 28 公分櫃體,因深度較淺適合收納衛生紙或是沐浴用品的囤貨,檯面下則搭配抽屜、開門式櫃體,讓屋主彈性分類使用。

抽屜可收乾淨的毛巾、浴巾。

門片設計收得更整齊。

Case 06
利用浴室入口設置毛巾櫃

屋主需求 希望能幫規劃毛巾置物空間。

格局分析 選擇從入口處來規劃置物櫃,以不破壞格局完整性。

櫃體規劃 浴室前轉角樑下配置了頂天立櫃,也成功消弭橫樑的突兀感。

好收技巧 櫃體一半開放一半封閉,開放可以放展示品,封閉則用來收納毛巾物品,清楚區分不擔心會搞錯。

懸吊鏡面更顯輕盈。

好寬敞

Case 07
獨立梳妝和洗手檯，型塑飯店頂級質感

屋主需求 作為度假的空間，因此以飯店式的舒適設計為主要訴求。

格局分析 預售屋就進行客變，空間坪數足夠的情形下，獨立設置洗手檯，並與梳妝檯整合。兩側不做滿，形成雙向走道方便進出。

櫃體規劃 懸吊鏡面的設計，能不顯壓迫之外，中央留出的縫隙也可讓人適時觀察入房動態。

好收技巧 由於為度假空間，無需太多收納設計，下方僅設計置放化妝保養的空間，並能放置衛生備品，深度約莫在 35 公分左右。

衛生紙就收在
此，便於取用。

圖片提供©陶璽空間設計

超好收

Case 08
順應機能、環境創造不同的收納設計

屋主需求 希望衛浴空間中的機能旁，都能配置所對應的收納設計。

格局分析 衛浴間內設有浴缸、馬桶、洗手台等，順應這些機能與使用動線，安排了不同形式的收納櫃與層架。

櫃體規劃 鄰近馬桶區域的櫃體深度約 40 公分，像是衛生紙等都能收納，也便於取用；至於洗手台下方的櫃體深度約 60 公分，一部分可擺放牙膏、牙刷備品外，一部分也能放清潔衛浴用品。

好收技巧 依據拿取物品方式，做了開放與封閉形式的櫃體設計，除了提升方便性，也減緩衛浴內的水氣直接影響了生活備品。

多機能

Case 09
主浴擴充，納入獨立梳妝檯

屋主需求 在空間有限的情況下，女屋主希望能另外設置獨立的梳妝檯。

格局分析 退縮主臥空間，擴大主浴，拉長空間深度。順應洗浴動線，向內一路配置洗手檯、馬桶和淋浴間。

櫃體規劃 走道兩側分別設置浴櫃和梳妝檯，檯面側牆內凹，常用的盥洗用具就能收納完整。梳妝檯另設吊櫃，讓收納更為充足。

好收技巧 梳妝檯面約有 50 公分，加設抽屜便於收納零散物品。梳妝椅採用活動式設計，方便推拉不佔走道，椅子本身運用抽屜有效擴充收納。

活動梳妝椅方便移動。

圖片提供©摩登雅舍室內設計

column

浴櫃尺寸細節全在這

|提示 1 |

浴櫃檯面建議離地 78 公分

綜觀所有的櫃體設計，一般可作為工作檯面的書桌、流理檯或是浴櫃檯面，多會建議設計到 60 公分，才是最好使用的深度。雖然如此，浴櫃終究不像流理檯、衣櫃等牽涉許多固定尺寸，到底櫃面要做到多大？還是會依照自家臉盆大小，來進行適度調整。整體高度，則約離地 78 公分左右。

|提示 2 |

鏡櫃深度多為 12 ～ 15 公分

不同於化妝檯多是坐著使用，衛浴鏡櫃因為使用時多是以站立的方式進行，鏡櫃的高度也因而隨之提升。櫃面下緣通常多落在 100 ～ 110 公分，櫃面深度則多設定在 12 ～ 15 公分左右，收納內容則以牙膏、牙刷、刮鬍刀、簡易保養品等輕小型物品收納為主。

|提示 3 |

毛巾架深度多在 7 ～ 25 公分

如果選擇將毛巾架放置在馬桶上方，放置的高度建議在 170 公分以上，如果是舍置在過道旁的話，多半是選用深度較淺的毛巾架，走道寬度也至少要留 60 公分以上。

|提示 4 |

抽屜式浴櫃要留 50 ～ 65 公分的寬度

如果馬桶和洗手檯成 L 型配置，浴櫃本身要注意開啟的方式是否會和卡到馬桶，通常浴櫃的深度是 50 ～ 65 公分之間，所以拉出時也須留有 50 ～ 65 公分的寬度才行。

|提示 5 |

浴櫃內部層板高度約 25 公分上下

浴櫃多半收納沐浴品、清潔用品和衛生品為主，若是依照瓶罐高度，可設計 25 公分上下的層板來收納。如果想再收納得更細緻，例如梳子、牙刷等尺度較小的物件，建議可選用抽拉盤設計，高度約莫 8 ～ 10 公分左右。

圖片提供 ©FUGE 馥閣設計

儲藏
空間

想要有完整區域專門收納所有物品，並非得要做一間儲藏室，從畸零或過道處
找空間，用木作規劃一儲藏櫃，再結合門片設計，也兼具儲藏室功能。而不論
是儲藏室或是儲物櫃，皆可利用能調節高度的活動層板設計，視物品尺寸調整
高度、分層收納，常用的放中間層，越少使用的放越上層，除濕機、吸塵器等
家電則放在最下方，方便拿取使用。

Part.1

東西散落在角落好阿雜！
小坪數也能有儲藏室嗎？

✛ 格局設計關鍵

主牆作 45 度軸轉，變出
大儲藏室

30 年略顯狹長的老屋格局，因客廳比例
稍大、次臥與餐廳空間有過小，因此決
定微調格局來改善，且利用格局調整時
將客廳軸向轉移 45 度，好讓客廳距離縮
短、但面寬加長；此外，大門旁順勢讓
出一間三角形儲藏室，為原本沒有玄關
的空間增加收納機能。

圖片提供 © 耀昀設計

Before

利用電視主牆 45 度轉向設計，
讓生活格局活化，也創造更多
收納空間。

圖片提供 © 耀昀設計

After

✚ 尺寸設計關鍵

儲藏室高達 208 公分活動櫃超會裝

客廳另起斜向主牆後，自然形成一區可走入的三角儲藏室，利用內部牆面規劃二座總寬 210 公分、高 208 公分的牆櫃，不僅收納量驚人，而且在櫃內採用活動隔板，屋主可以隨著物品的大小來調整櫃高，相當實用方便。而角落區則讓出空間給電視牆作電器收納櫃。

✚ 尺寸設計　　格局設計

圖片提供 © 樺設計

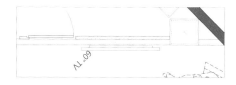

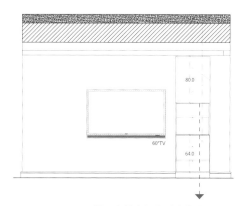

電視主牆右側設計有內嵌的電器機櫃，上下採門櫃與抽屜櫃設計，至於中段則作展示櫃，兼具裝飾與實用機能。

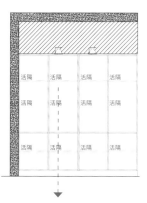

幾乎是全牆面的櫃體不僅容量大，加上其中三層採用活動隔板設計，讓大小物品都能各得其所。

有限坪數下，硬是變出一間儲藏室

雖然坪數僅 9 坪大，仍選擇在空間中配置出一間儲藏室。並結合「內收」概念，將樓梯的畸零空間一併整合，讓區塊不只收納屋主的生活衣物，相關的大型物品也能放置其中，收納區塊變得更完整外，也讓坪效發揮出最大效益。

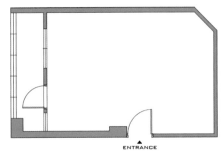

圖片提供 © 謐空間研究室
Before

善用內收設計，先是將臥舖內嵌於樓層板中，而樓板下方則又再將樓梯的畸零區一併內收整合，進而形成一間完整的儲藏空間。

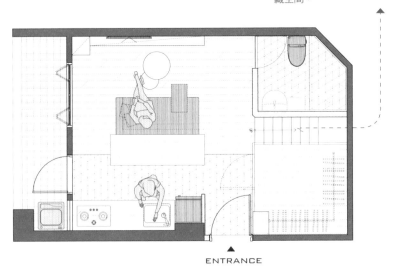

圖片提供 © 謐空間研究室
After

✚ 尺寸設計關鍵

置物盒讓畸零收納更有效率

利用鍍鋅板建構出 7 個階層的樓梯區域，整體高約 1 米 99、寬約 1 米 6，在這個階梯空間中，可依序放入不同高度、尺寸的活動式置物盒或收納籃來進行擺放，充分利用每一吋空間之餘，收納也更具彈性。

✚ 尺寸設計

✚ 格局設計

圖片提供 © 塵空間研究室

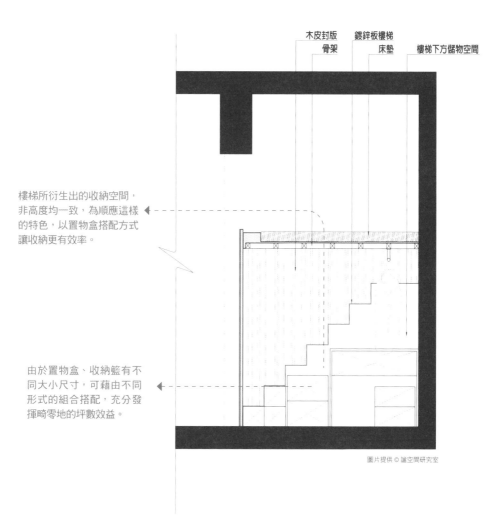

木皮封版   鍍鋅板樓梯
骨架   床墊   樓梯下方儲物空間

樓梯所衍生出的收納空間，非高度均一致，為順應這樣的特色，以置物盒搭配方式讓收納更有效率。

由於置物盒、收納籃有不同大小尺寸，可藉由不同形式的組合搭配，充分發揮畸零地的坪數效益。

圖片提供 © 塵空間研究室

儲藏室設計

零浪費

Case 01
時尚有型的儲藏空間

屋主需求 ▶ 一家三口需要收納的東西還真不少,希望能有儲藏室收納大型家電。

格局分析 ▶ 因為重新配置格局,鞋櫃後方多出的畸零空間則順勢設計成儲藏室。

櫃體規劃 ▶ 儲藏室不僅位於入口與廚房的生活動線上方便收納清掃,門片更隱藏於清水模與深色線條交織的牆面之間,十分時尚。

好收技巧 ▶ 儲藏室因為常放置清掃用具與大型家電,設置在生活動線上好拿又好收。

圖片提供 ◎ 青埕設計

↓
儲藏室藏在清水模牆內。

Case 02
直牆放寬變為梯形大儲藏室

屋主需求 屋主想要有多功能娛樂休閒區，同時要有大收納空間來維持空間整潔。

格局分析 因有超低大樑及收納需求，決定將休閒區與客廳間的隔間牆加大為梯形儲藏室。

櫃體規劃 右側平直的隔間牆，與客廳斜向電視牆形成梯形格局，在窗邊深達 145 公分寬，除增加收納量，電視牆也因打斜而變寬。

好收技巧 左牆規劃整排懸吊櫃體，局部懸空與鏡面材質綴飾，創造輕盈度與延伸感，而門櫃則便於凌亂物品的收納。

利用隔間牆加大
為儲藏室。

Case 03
內嵌牆面的小儲藏室

屋主需求 希望能有放置大型家用品、行李箱的空間。

格局分析 原有空間切割零碎，每個區塊都顯得狹小。

櫃體規劃 收藏櫃內嵌牆面，門片以大干木皮貼飾，高 240 公分、深度 80 公分，能收納 3 個行李箱、防潮箱、除濕機、吸塵器。

好收技巧 以三層櫃方式將大型家用品作立面收納。

內嵌牆面不佔空間。

高 240 公分、深度 80 公分，
可收 3 個行李箱和打掃用具。

超美型

Case 04
電路圖裝飾男孩專屬儲藏室

藍白彩繪門片，門片隱形化。

屋主需求▸ 需要有空間能放置球類、手套、帽子等運動相關用品。

格局分析▸ 原為客廳的三角陽台，後改為男孩房則規劃為小儲藏室使用。

櫃體規劃▸ 在牆面與儲藏室門片用藍底白線條繪製電路圖概念裝飾，讓門片隱形、強化整體視覺。

好收技巧▸ 利用固定式層板擺放行李箱、球類、手套；並利用窗戶與牆之間的局部空間吊掛帽子。

利用小角落規劃儲藏室，好收納也不會浪費空間。

省空間

Case 05
小角落就能創造好收的儲藏室

屋主需求▸ 室內坪數 22 坪，想要有獨立的儲物空間放置雜物。

格局分析▸ 原格局切割較為零碎，且有許多難以利用的角落或是走道，電視牆的長度也略短一些。

櫃體規劃▸ 為了拉大電視牆的尺度，延伸的 75 公分寬度正好巧妙可圍塑出儲藏室的機能，動線處於公共廳區的匯集處，使用上也很方便。

好收技巧▸ 儲藏室深度約 125 公分，最內部規劃層板，靠近門邊的地方可直接收納除濕機、吸塵器。

拍拍手門片，不用預留門片開啟空間。

圖片提供 © 明樓室內裝修設計

收最多

Case 06
畸零空間變儲藏室

圖片提供 © 明樓室內裝修設計

屋主需求 希望能做一置物間完整擺放生活用品。

格局分析 玄關與客廳的中間，剛好有多出空間可善加利用。

櫃體規劃 玄關、客廳之間利用畸零環境規劃一個儲藏櫃。

好收技巧 門片加裝了拍拍手設計，既不用特別預留門片開啟位置，也能強化平滑表面的櫃體。

儲藏室位於白色牆面內。

Case 07
仿牆的門片讓儲藏室隱形

屋主需求 ▸ 希望擁有乾淨的空間感。

格局分析 ▸ 正朝玄關的牆面後方為廁所與大柱，在走道這側構成畸零空間。

櫃體規劃 ▸ 畸零凹處封上一道與牆、櫃同色、同材質的門片；收齊立面的同時也順勢構成儲藏室。

好收技巧 ▸ 捨棄了裝設隔板或置物架的方式，可讓屋主置放旅行箱等大件物品，運用更自由。

Case 08
運用畸零空間儲藏收納

內有儲藏室，小空間超實用。

圖片提供◎澄橙設計

屋主需求 ▸ 家中的大型物品與換季衣物、行李箱等需要儲藏室收納。

格局分析 ▸ 推開大門右側即有因樑柱形成的畸零空間，無法利用。

櫃體規劃 ▸ 將室內的畸零空間打造為儲藏室，可收納一般收納櫃不好收納的清掃用具與大型行李箱等。

好收技巧 ▸ 儲藏室做有深 90 公分的雙面層板櫃，上方外露於餐桌旁可收納展示杯碗瓢盆，下方則於儲藏室內可收納雜貨。

超實用　Case 09
秒收雙人推車的儲藏室

屋主需求 有雙胞胎的推車、貓咪推車的收納問題，特別是雙人推車尺寸較大，希望可以很好收。

格局分析 原本進門就是餐廳、一字型廚房，沒有任何玄關的機能，甚至有開門見灶的狀況。

櫃體規劃 利用入口與結構柱之間創造儲藏室、電器櫃以及鞋櫃等各式收納機能，並運用一致的木皮染色做櫃體、門片面材，型塑猶如一道牆般的隱形效果。

好收技巧 儲藏室深度約有 2 米多，門片打開就能直接將推車推入收納，內部搭配開放層板形式，好收好拿。

儲藏室外還有衣帽櫃可放外套、包包。

圖片提供 © ⬜⬜空間設計

藍色門片內有儲藏室。

圖片提供 © 白金里居空間設計

多機能　Case 10
收納梯間通道隱藏儲藏室

屋主需求 老屋改造，要符合一家人足夠收納，光線要充足。

格局分析 這是一間透天老屋，狹長型格局讓光線動線都不佳，設計師運用透光度高的材質如玻璃，並用鐵件保持樓梯輕盈感，讓光線引入。在一樓往二樓上設計書房，並有層次的在牆面上做出簡單的書櫃，再刷一片藍色門房，中間其實有著女兒的臥室和暗門的儲藏室。

櫃體規劃 書房的收納以牆櫃為主，加上光帶呈現閱讀空間的安靜氛圍。

好收技巧 暗門內的儲藏室能提供屋主完整的久而不用的收納，且門一打開光線也不錯，讓儲藏室不在陰暗潮濕。

Part.2

真的沒辦法做儲藏室，
難道只能望物興嘆？

+ 格局設計關鍵

摩登品味的主牆櫃翻轉格局

先天格局雖有獨立玄關，但長度稍短，加上
客廳與玄關交接處有一根大樑，因此，利用
沙發後方的樑下空間規劃一座複合式牆櫃，
一來以櫃體側面增加玄關長度，再者用櫃體
厚度虛化大樑的畸零感，最重要還可為客廳
增加實用又具摩登風格的主牆櫃。

圖片提供 © 明代設計

圖片提供 © 明代設計

以櫃門包覆了大樑，再搭配內建光
源，讓主牆櫃呈現出向上延伸的視
覺，讓屋高產生拉升的錯覺。

＋ 尺寸設計關鍵

85 公分櫃深消弭了大樑壓迫感

寬達 494 公分的牆櫃為了要能完全遮掩大樑，必須以 85 公分的深櫃做設計，且利用加高的櫃體門片來拉伸屋高感；至於櫃內配置則以部分開放層板、部分胡桃木皮門櫃設計，展現超大容量外，櫥櫃本身的造型也卓然出眾，搭配具弧度的沙發配置，更顯過人品味。

圖片提供 © 明代設計

主牆櫃左側臨陽台處，設計師順勢利用畸零空間規劃一座隱藏式高櫃，木皮櫃門也讓空間有放寬感。

櫃內層板與背板以栓木皮染成鐵灰色調，搭配粗獷的北美胡桃木皮門，完美地將自然元素融入都會品味中。

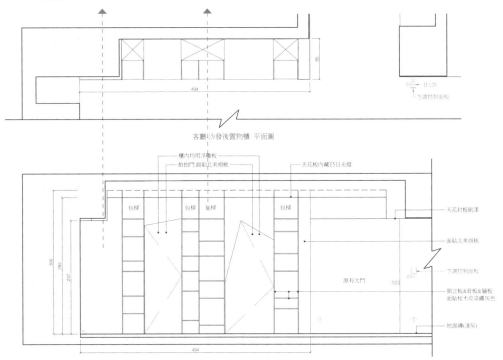

圖片提供 © 明代設計

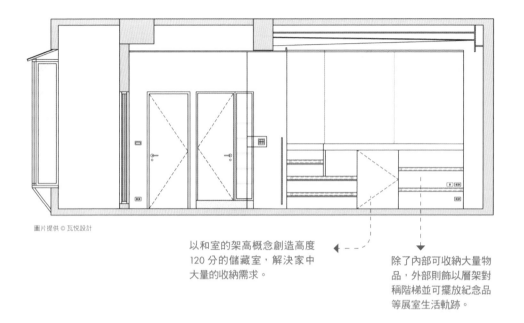

以和室的架高概念創造高度
120 分的儲藏室,解決家中
大量的收納需求。

除了內部可收納大量物
品,外部則飾以層架對
稱階梯並可擺放紀念品
等展室生活軌跡。

＋ 尺寸設計關鍵

架高 120 公分儲藏空間

家中作再多的櫃體都常會覺得不夠
用,但打開櫃子又會發現許多空位,
這是因為沒有針對家中的物品作檢
視,且許多大型的家具也無法放入收
納櫃之中,這時候就需要有儲藏空間,
運用架高和室概念在房間下方設置儲
藏櫃,不僅解決收納需求,也更增添
如同精品屋的設計感。

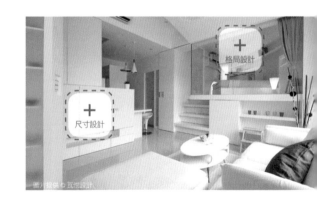

格局設計

尺寸設計

✚ 格局設計關鍵

轉向架高更符合居住需求

僅有 16.5 坪大的空間要住進一家三口，除了夫婦與女兒的房間並有書房兼客房的需求因此設計師將客廳轉向，順勢挪出書房空間，沙發座位也因此加長，而考慮到三人生活的收納需求，加上屋高 4 米的優勢，設計師將女兒房架高，其下方作為儲藏空間。

圖片提供 © 瓦悅設計

Before

設計師將客廳轉向，讓出書房兼客房的空間，沙發座位也因而能增加。

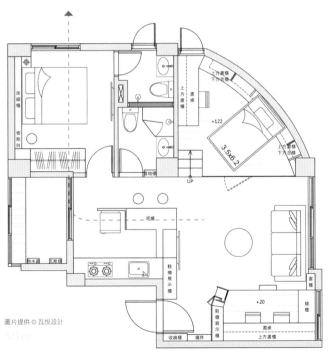

圖片提供 © 瓦悅設計

After

儲物櫃設計

圖片提供＿＿域設計

下方收比較重的電器。

省空間　　# Case 01
全家收納整合一處

屋主需求 ▸ 喜歡現代簡約的風格，不希望太多櫃體影響整體的簡單呈現。

格局分析 ▸ 為強調空間的簡約性格，客廳以大理石牆作為電視牆面，並把公領域的收納整合至餐廳區域。

櫃體規劃 ▸ 櫃體採用系統櫃結合木工，採用不規則的幾何門片，加上局部鏤空與點綴燈光，顯得氣勢十足。

好收技巧 ▸ 收納物品的準則以方便拿取為第一優先，上方放置輕即不常使用如換季衣物等，下方則可以收納較重的電器。

零浪費

Case 02
幾何造型豐富設計

屋主需求 希望家中有和室空間作客房使用。

格局分析 室內空間窄小又有太多隔間使得太過昏暗，設計師改以玻璃作區隔以通透光線。

櫃體規劃 架高約 40 公分的和室，平常作為書房與客房使用，幾何設計上掀蓋下方可收納家中生活物品。

好收技巧 一般上掀式收納常因門片厚重不好使用，這裡運用吸盤，不僅可輕鬆掀蓋，地面更為平整。

圖片提供 © 瓦悅設計

吸盤開闔方式，
輕鬆拿取。

架高 90 公分變出儲藏空間。

圖片提供 © 瓦悅設計

收最多

Case 03
架高 90 公分的好收納

屋主需求 希望公私領域能明顯區隔，並能增加收納空間。

格局分析 僅有 13 坪大，為了生活居住的舒適度，不適合再增加收納櫃體。

櫃體規劃 將主臥架高 90 公分，並利用下方作出完整的儲藏空間，解決家中的收納需求。

好收技巧 延著客廳而設的主臥架高儲藏室，鄰近生活主要動線，使用更為方便。

收更多

Case 04
和室就是收納百寶室

屋主需求 ▸ 一家五口裡,三個孩子都需要有獨立的房間,但空間有限且有大量的儲藏需求。

格局分析 ▸ 此空間採光不佳,與其規劃成一般的房間,架高和室設計是極佳的替代方案。

櫃體規劃 ▸ 左側以系統櫃分割出開放式層板、抽屜和封閉式衣櫃等不同的收納區塊。右側以五斗櫃搭配木作書桌,下緣空出架高部分供孩子可坐著放腳。

好收技巧 ▸ 和室沿壁面設淺櫃,深度留 20 公分即可當床頭櫃使用,在上面或內部收納小物。利用和室下方空間以上掀門作收納空間,前端為抽屜,可直接從和室外側使用。

圖片提供◎懷研設計

20 公分淺櫃可當床頭櫃。

省空間

Case 05
樑下與結構柱化身儲物櫃

屋主需求 對於整理格外要求，期待有更多儲藏空間。

格局分析 主臥房遇有結構柱以及大量的問題。

櫃體規劃 利用樑下、結構柱體發展出如造型牆面的收納空間。

好收技巧 收納櫃牆深度約 50 ～ 60 公分，以不同比例的高度、寬度分割，並依據使用高度區分上掀、下掀和側掀。125 公分以上是上掀，更符合人體工學，下掀門片亦可充當暫時的置物平台。

圖片提供 ©FUGE 馥閣設計

枕頭後方分割比例為 80 ～ 107 之間，倚靠時更舒適。

收更多

Case 06
斜角大收納櫃釋放空間感

屋主需求 想要有多一點的收納機能，但又得保留三房的格局。

格局分析 入口和客廳有深度不一的柱體以及大樑的存在。

櫃體規劃 從入口玄關到沙發背牆一路安排或深或淺的櫃體，刻意退縮的斜角置入隱藏式收納櫃，讓過道保持寬闊舒適。

好收技巧 有如一道 V 字的大收納櫃，適合收納大型家電用品或是行李箱，左右兩側則分別是鞋櫃、書櫃。

櫃牆同時也整合了鞋櫃。

圖片提供 © 甘納空間設計

215

Case 07
善用高低差創造超強收納

桌面可升降隱藏。

圖片提供 © 相即設計

屋主需求 作為客房需求的空間，希望能有完整的機能，提供來此居住的友人更多的放鬆感。

格局分析 長型空間以最簡易的高低差打造床舖與地面之間的分隔。

櫃體規劃 地面高處為床舖與升降桌，提供屋主或友人打麻將或烹茶小憩。而床頭牆其實是書桌的背牆，並成為工作桌的檯面，讓機能兩用。而一旁收納櫃體簡單設計，讓屋主使用方便。

好收技巧 升降桌檯面在不需要的時候就隱藏起來，讓客房變得更為寬敞。

臥榻也是豐富儲藏區。

圖片提供 © 白金里居空間設計

Case 08
臥榻兼具休憩與儲物

屋主需求 身為醫生的屋主，希望空間能是完整的休閒風格，看不見收納，通通都要藏起來。

格局分析 開放式的客廳、餐廳與廚房，僅以一道電視牆作為空間區隔。

櫃體規劃 在這空間中幾乎看不到收納展示，其實設計師藏在臥榻區底下、電視牆下方以及餐桌後方。透過全隱藏收納，再利用像天井般的燈具，徹底營造空間度假感。

好收技巧 既然是都有門片的收納，對屋主來說就不必煩心讓人看得雜亂問題，想在哪裡放什麼就隨心所欲。

材質混搭讓收納更有層次。

圖片提供 © 白金里居空間設計

超有型

Case 09
混搭材質展現收納品味

屋主需求 留法回來的屋主，希望將收納統整在同一區塊，並結合家具色調。

格局分析 從大門進來右手邊為完整的餐廚區，左邊則為客廳，設計師將櫃體全部落點在餐廚區前方整個牆面。

櫃體規劃 整體的深色調空間，運用不少有質感的石材，並搭配使用深色木皮、灰鏡分別作好封閉式、開放式的收納櫃，讓收納有層次性。

好收技巧 不願意讓人看到的可以收在封閉式櫃體，常用或小巧的東西可以放在靠牆面的開放櫃體上。

Case 10
善用畸零空間收納

右側展示區的高度放得下一本書的尺寸。

屋主需求 ▶ 除了收納視聽設備之外,也希望能設計臥榻區域。

格局分析 ▶ 維持原有格局,不動隔間。

櫃體規劃 ▶ 窗台設置臥榻的情形下,臥榻刻意選用相同木皮,與電視櫃相連,使視覺不致中斷,轉角處的柱體巧妙設置櫃體修飾,遮掩畸零地帶,維持乾淨立面。

好收技巧 ▶ 臥榻座面採用掀蓋設計,不浪費臥榻空間,大大擴增收納量。電視櫃格交錯運用封閉和開放設計,展現活潑視覺,深度約有43公分,方便放置視聽設備。

圖片提供 © 演拓空間室內設計

高處用上掀較好拿取。

圖片提供 © 演拓空間室內設計 攝影 © 劉士誠

Case 11
轉角也有強大收納

屋主需求 ▶ 零碎物品較多,需要有充足的收納空間。

格局分析 ▶ 入門玄關與衛浴相鄰,沿著衛浴隔間外部設計收納,巧妙善用空間。

櫃體規劃 ▶ 最難利用的轉角處以收納櫃包覆,收納開口交錯運用,兩側皆可收的設計,一點都不浪費空間。

好收技巧 ▶ 不易拿取的上方空間則使用上掀增加便利性,下方則以抽屜和開放櫃體,隨手收納更方便。

圖片提供 © 摩登雅舍室內設計

↓
45公分深抽屜好拿不擁擠。

好分類

Case 12
依照拿取習慣分割收納形式

屋主需求▶ 除了需另外設置長輩房外，也希望能有充足的收納空間。

格局分析▶ 35 坪老屋重新設置隔間，隔間外推，拉大長親房坪數。

櫃體規劃▶ 融入和室概念，架高地坪鋪設榻榻米，於地板底部暗藏抽屜和掀蓋五金，大大提升收納量。

好收技巧▶ 依照拿取習慣分割地板收納。靠走道一側採用深約 45 公分的抽屜，站在廊道也能輕鬆拉取不擁擠。榻榻米中央則用掀蓋收納才方便拿取，適合放置使用頻率較少的物品。

儲藏空間尺寸細節全在這

|提示 1 |

和室架高 40 ～ 45 公分可變儲藏櫃

　　不同於以前的和室多以盤腿的方式坐下，現在的和室更兼具收納機能，通常會架高大約 40 ～ 45 公分之間規劃儲藏需求，上掀式的開啟方式又包含有吸盤、鉸鍊式等。

|提示 2 |

架高地板的抽屜設計一般在 50 ～ 60 公分之間

　　和室地板的收納設計可分為「抽屜」和「上掀式」兩種收納方式，前者考慮抽軌五金的長度限制，和使用上的便利性，大多會規劃在 50 ～ 60 公分之間，寬度則依需求而定；後者雖看似不受五金軌道限制大小，但仍需考慮五金和地板結構的安全性與耐重性，還是建議將寬度設定 60 ～ 90 公分以內。

|提示 3 |

儲藏室深度以 70 公分為最佳

　　儲藏室並不是雜物間，所以不是越大越好，空間大小以人不用走進去，就能取得物品為佳，因此深度不能太深，大約 70 公分最好，可採用層板放置物品，越不常用到的擺在上方或下方，常會使用的靠中間層放置。

|提示 4 |

窗邊坐榻可留 40 ～ 45 公分高

　　若空間許可，有些窗邊都會規劃坐榻，為了坐臥的舒適性，建議依照人體工學的角度，將高度設計在 40 ～ 45 公分之間，而這樣的高度底下正好也能收納玩具或雜物，至於寬度則可以依照需求而定，如果想讓雙腳可以更舒適地放在上面，寬度則可做到 50 ～ 60 公分，如想兼具小憩的功能，有些時候也會預留到 90 公分。